电工自学速成

图解
示波器使用

韩雪涛 主 编

吴瑛 韩广兴 副主编

U0246599

中国电力出版社
CHINA ELECTRIC POWER PRESS

内 容 提 要

本书以国家电工电子相关专业的职业资格考核标准为指导,结合电工电子岗位就业中的实际情况,以典型示波器为例,将将示波器使用操作中所需的专业知识和技能系统地划分成 6 章,分别为:示波器的功能应用与种类特点、示波器的结构特点、示波器的使用方法、示波器的选购与保养维护、示波器在信号测量中的应用训练、示波器应用实例。

本书可作为电工电子专业技能培训教材,以及各职业技术院校电工电子专业的实训教材,也适合从事电工电子行业生产、调试、维修的技术人员和业余爱好者阅读。

图书在版编目(CIP)数据

电工自学速成:图解示波器使用 / 韩雪涛主编 . -- 北京 : 中国电力出版社 , 2018.9(2024.5 重印)
ISBN 978-7-5198-2133-3

Ⅰ . ①电… Ⅱ . ①韩… Ⅲ . ①示波器－使用－图解Ⅳ . ① TM935.307-64

中国版本图书馆 CIP 数据核字 (2018) 第 164233 号

出版发行: 中国电力出版社
地　　址: 北京市东城区北京站西街 19 号（邮政编码 100005）
网　　址: http://www.cepp.sgcc.com.cn
责任编辑: 马淑范（010-63412397）
责任校对: 王小鹏
装帧设计: 赵姗姗
责任印制: 杨晓东

印　　刷: 固安县铭成印刷有限公司
版　　次: 2018 年 9 月第一版
印　　次: 2024 年 5 月北京第三次印刷
开　　本: 787 毫米 ×1092 毫米　16 开本
印　　张: 10.25
字　　数: 208 千字
定　　价: 69.80 元

前 言 / preface

《图解示波器使用》是一本系统讲解示波器功能特点和使用方法的专业技能图书。

随着电子和信息技术的发展,各种新型的、智能的家用电子产品不断融入到人们的学习、生产和生活中。丰富的产品带动了生产、调试、维修等一系列行业的发展,为从事电子电器生产、调试、维修的从业人员提供了广阔的就业空间。

示波器作为最常用的多功能测量仪表,它可以通过测试波形直观反映电路的信号处理过程和工作状态,在生产、调试、维修中不可或缺。因此,掌握示波器的使用方法和实用测量技能成为生产、调试、维修等各岗位都必须具备的专业基础技能。

本书根据目前国家电工电子相关专业技能的国家考核标准和实际岗位需求,将示波器的使用和应用所需的各项专业知识和操作技能进行系统的整理。选择市场上流行的示波器产品进行解析,归纳总结示波器的种类、结构和使用特点。在此基础上,以国家职业资格的相关考核标准作为依据,将电工电子岗位培训中的示波器使用技能按照应用方向和技能特点进行重新整合,系统、全面地讲解示波器的使用特点和使用方法。

为了使学习更具针对性,本书收集了大量实际工作中的经典案例,通过"图解"的方式将示波器使用的操作方法、操作细节及操作注意事项全部真实、清晰地展现出来,让读者一目了然,能够在最短时间掌握示波器的使用方法。

同时,为了能够让本书在读者的学习和工作中最大限度的发挥作用,本书还整理和归纳了不同行业领域的检测应用案例,这些案例和测量数据均来源于工作实践,供读者在日后的学习和工作中参考,大大延伸了图书的实际用途。

除"图解"演示外,本书还采用了"微视频"的全新教学模式,即在图书中重要知识点和技能点的相关图文旁边印有"二维码",读者可通过手机扫描二维码,实时浏览对应的教学微视频。让枯燥的学习过程更加高效、有趣。

为了确保专业品质,本书由数码维修工程师鉴定指导中心组织编写,由全国电子行业专家韩广兴教授亲自指导。编写人员有行业资深工程师、高级技师和一线教师。本书无处不渗透着专业团队的经验和智慧,使读者在学习过程中如同有一群专家在身边指导,将学习和实践中需要注意的重点、难点一一化解,大大提升学习效果。

为了更好地满足读者的需求,达到最佳的学习效果,本书得到了数码维修工程师鉴定指导中心的大力支持,读者可获得免费的专业技术咨询。读者通过学习与实践还可参加相关资质的国家职业资格或工程师资格认证,可获得相应等级的国家职业资格或数码维修工程师资格证书。如果读者在学习和考核认证方面有什么问题,可通过以下方式与我们联系:

数码维修工程师鉴定指导中心

联系电话:022-83718162/83715667/13114807267

地址:天津市南开区榕苑路 4 号天发科技园 8-1-401

网址:http://www.chinadse.org

E-mail:chinadse@163.com

邮编:300384

编 者

目 录 / contents

前 言

第 1 章 示波器的功能应用与种类特点（P1）

1.1 示波器的功能应用（P1）

1.1.1 示波器的功能特点（P1）

1.1.2 示波器的实际应用（P1）

1.2 示波器的种类特点（P4）

1.2.1 单踪示波器和双踪示波器（P4）

1.2.2 模拟示波器和数字示波器（P6）

第 2 章 示波器的结构特点（P10）

2.1 模拟示波器的结构特点（P10）

2.1.1 模拟示波器的整机结构（P10）

2.1.2 模拟示波器的键钮功能（P11）

2.1.3 模拟示波器的工作原理（P21）

2.2 数字示波器的结构特点（P23）

2.2.1 数字示波器的整机结构（P23）

2.2.2 数字示波器的键钮功能（P25）

2.2.3 数字示波器的工作原理（P30）

第 3 章 示波器的使用方法（P32）

3.1 模拟示波器的使用方法（P32）

3.1.1 模拟示波器的使用操作（P32）

3.1.2 模拟示波器波形信息的读取（P39）

3.1.3 模拟示波器的误差消除方法（P40）

3.2 数字示波器的使用方法（P44）

3.2.1 数字示波器的使用操作（P44）

3.2.2 数字示波器波形信息的读取（P50）

3.2.3 数字示波器的功能拓展（P51）

第 4 章　示波器的选购与保养维护（P56）

4.1　示波器的选购（P56）

  4.1.1　示波器的选购原则（P56）

  4.1.2　示波器选购注意事项（P59）

4.2　示波器的保养维护（P59）

  4.2.1　示波器的日常保养（P59）

  4.2.2　示波器的使用注意事项（P60）

第 5 章　示波器在信号测量中的应用训练（P61）

5.1　示波器检测交流正弦信号（P61）

  5.1.1　交流正弦信号的特点及相关电路（P61）

  5.1.2　示波器检测交流正弦信号的方法（P62）

5.2　示波器检测音频信号（P67）

  5.2.1　音频信号的特点及相关电路（P67）

  5.2.2　示波器检测音频信号的方法（P68）

5.3　示波器检测视频信号（P70）

  5.3.1　视频信号的特点及相关电路（P70）

  5.3.2　视频信号的特点及相关电路（P74）

5.4　示波器检测脉冲信号（P75）

  5.4.1　脉冲信号的特点及相关电路（P75）

  5.4.2　脉冲信号的测量（P79）

5.5　数字信号的特点与测量（P80）

  5.5.1　数字信号的特点及相关电路（P80）

  5.5.2　数字信号的测量（P81）

第 6 章　示波器应用实例（P83）

6.1　示波器在影碟机维修中的应用训练（P83）

  6.1.1　影碟机的结构和功能特点（P83）

  6.1.2　示波器检测影碟机开关电源电路的方法（P84）

  6.1.3　示波器检测影碟机 AV 解码和存储器电路的方法（P85）

6.1.4 示波器检测影碟机伺服驱动电路的方法（P94）

6.1.5 示波器检测影碟机 D/A 转换电路的方法（P97）

6.1.6 示波器检测影碟机音频输出放大电路的方法（P100）

6.2 示波器在彩色电视机维修中的应用训练（P102）

6.2.1 彩色电视机的整机结构（P102）

6.2.2 示波器检测彩色电视机调谐器及中频电路的方法（P104）

6.2.3 示波器检测彩色电视机音频信号处理电路的方法（P105）

6.2.4 示波器检测彩色电视机视频信号处理电路的方法（P107）

6.2.5 示波器检测彩色电视机行扫描电路的方法（P109）

6.2.6 示波器检测彩色电视机场扫描电路的方法（P112）

6.2.7 示波器检测彩色电视机系统控制电路的方法（P115）

6.2.8 示波器检测彩色电视机显像管电路的方法（P117）

6.3 示波器在电磁炉维修中的应用训练（P119）

6.3.1 电磁炉的整机结构（P119）

6.3.2 典型电磁炉电路中的检测点及信号波形（P121）

6.3.3 示波器检测电磁炉电源供电及功率输出电路的方法（P121）

6.3.4 示波器检测电磁炉控制电路的方法（P126）

6.3.5 示波器检测电磁炉操作显示电路的方法（P132）

6.4 示波器在计算机主板维修中的应用训练（P137）

6.4.1 计算机主板的结构特点（P137）

6.4.2 计算机主板的电路结构（P139）

6.4.3 示波器检测计算机主板开机电路的方法（P141）

6.4.4 示波器检测计算机主板 CPU 供电电路的方法（P143）

6.4.5 示波器检测计算机主板内存供电电路的方法（P149）

6.4.6 示波器检测计算机主板时钟电路的方法（P151）

第1章 示波器的功能应用与种类特点》

1.1 示波器的功能应用

1.1.1 示波器的功能特点

示波器是一种用来展示和观测信号波形及相关参数的电子仪器，可以观测和直接测量信号波形的形状、幅度和周期，其外形如图1-1所示。一切可以转化为电信号的电学参量或物理量都可转换成等效的信号波形进行观测，如电流、电功率、阻抗、温度、位移、压力、磁场等。

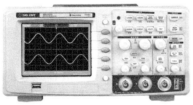

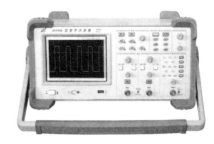

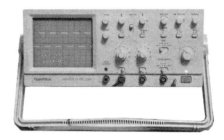

图1-1 典型示波器的实物外形

示波器可以将电路中的电压波形、电流波形在示波管上直接显示出来，根据显示的波形形状、频率、周期等参数判断所检测的设备是否有故障。如果波形正常，表明电路正常；如果信号的频率、相位出现失真，则属于不正常，用示波器测量各种交流信号、数字脉冲信号及直流信号，维修效率高，易找到故障点。

1.1.2 示波器的实际应用

示波器常用于电子产品的生产调试和维修领域，一般可通过观察示波器显示的信号波形，来判断电路性能是否符合出厂要求或在检修中判断电路是否正常等。

1 示波器在维修电磁炉中的应用

在检修电磁炉时，常常会用示波器进行检测。通常可在检修电磁炉的控制电路板时，使用示波器检测控制电路中集成电路输出的信号波形，根据信号波形判断电路的好坏，如图 1-2 所示。

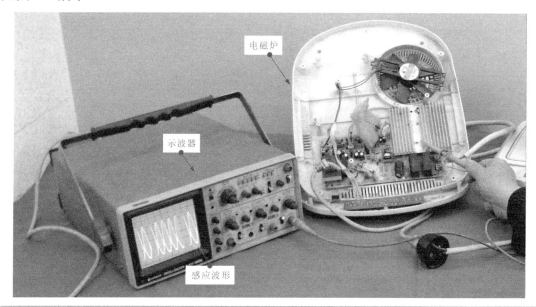

图 1-2　示波器在维修电磁炉中的应用

2 示波器在维修显示器中的应用

在检修显示器的主电路板时，可使用示波器检测主电路中输出的信号波形，根据信号波形进行检修和判断。用示波器检测逆变器电路中升压变压器外围辐射的信号波形，如图 1-3 所示。

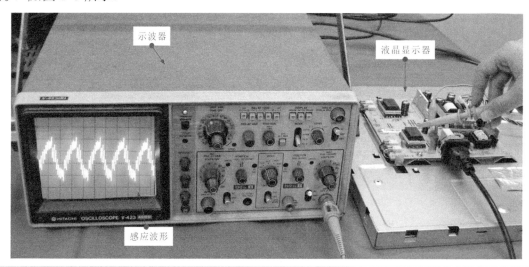

图 1-3　示波器检测逆变器电路中升压变压器外围辐射的信号波形

3 示波器在维修电视机中的应用

在检修电视机的过程中，用示波器对电视机的波形进行检测，从而根据信号波形进行检修和判断。图 1-4 所示为检测行回扫变压器辐射的行脉冲信号波形。

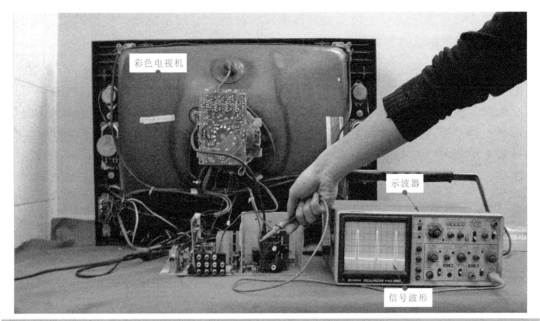

图 1-4   检测行回扫变压器辐射的行脉冲信号波形

4 示波器在生产调试中的应用

示波器常用于电子和电器产品的生产和调试中，图 1-5 为调谐器的生产调试现场。由于调谐器为高频器件，需要通过对内部线圈的调整，来达到所需的频率要求，此时就需要使用示波器来监视调整前与调整后的波形，待波形达到相应的幅度和形状后，即完成了该电子产品的调试。

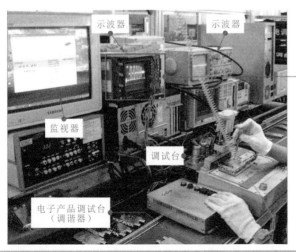 

图 1-5   调谐器的生产调试

1.2 示波器的种类特点

示波器的种类有很多，可以根据示波器显示信号的数量、测量功能、波形的显示器件和测量范围等进行分类。

其中，根据显示信号的数量来分有单踪示波器、双踪示波器；根据示波器的测量功能可分为模拟示波器和数字示波器。

1.2.1 单踪示波器和双踪示波器

单踪示波器只有一个信号输入端，在屏幕上只能显示一个信号，它只能检测波形的形状、频率和周期，而不能进行两个信号或三个信号的比较；双踪示波器具有两个信号输入端和两个检测信号的通道，可以在显示屏上同时显示两个不同信号的波形，并且可以对两个信号的频率、相位、波形等进行比较。

1　单踪示波器

单踪示波器结构比较简单，功能相对也少一些，其实物外形如图1-6所示。

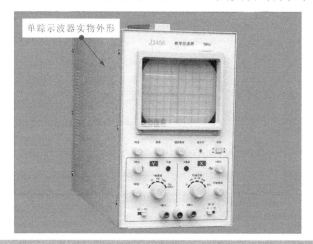

图1-6　单踪示波器的实物外形

单踪示波器的按钮比较少，使用比较方便，常见的型号品种还有很多种，图1-7所示为其中的两种。

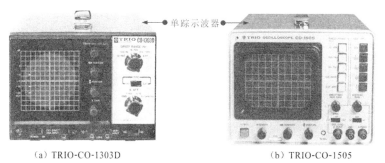

(a) TRIO-CO-1303D　　　　　　　　　(b) TRIO-CO-1505

图1-7　单踪示波器的两种实例

图 1-8 为单踪示波器典型结构，其最高显示频率是 **7MHz**，在一般的音响设备和彩色电视机检修中可以使用，它有一个比较小的示波管，相对来说比较稳定。

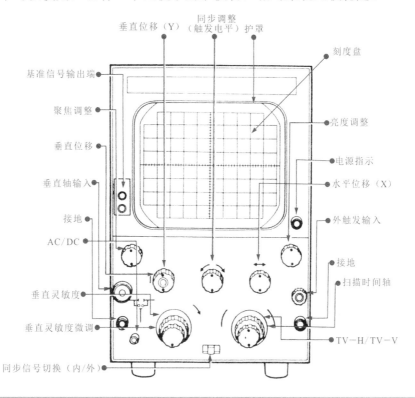

图 1-8　单踪示波器的典型结构

提示说明

在单踪示波器中，亮度旋钮用来调整显示波形的亮度；聚焦按钮可以将波形调整到最佳聚焦状态。标有（+、-）极的是极性开关按钮，普通状态下是正极性，按下去是负极性，一般在检查电视信号时比较常用，而检测一般正弦信号和脉冲信号时是不必考虑信号极性的。

在示波管下面有三个按钮，其中标有 Y 位移的按钮表示垂直方向上的波形位移，标有 X 位移的按钮表示水平方向上的波形位移，标有同步的按钮用于调整信号的同步，当显示的波形不同步时，调整此按钮使波形同步，否则不容易看清楚波形。

单踪示波器的电压衰减挡的范围是从最小 10mV 挡到最大 30V 挡，如果使用 1：10 衰减头，测量范围扩大 10 倍就可以达到 300V 或者更高。单踪示波器周期按钮的周期是从 10ms 到 0.3μs，这个范围比较宽。

示波器有一个 X 轴输入通道，与其对应的左边是 Y 轴输入通道，这两个按钮可以同时观测到 X 轴和 Y 轴输入的信号的合成波形。另外，测量交流信号和直流信号也有相对应的按钮，如测量直流信号将 DC 按钮按下去；测量交流信号将其按钮弹出来。

2　**双踪示波器**

双踪示波器具有两个信号输入端，可以在显示屏上同时显示两个不同信号的波形，并且可以对两个信号的频率、相位、波形等进行比较。

图 1-9 为典型的双踪示波器外形结构，它主要是由两个信号输入端、各种调整旋钮、显示屏、外壳等部分构成。

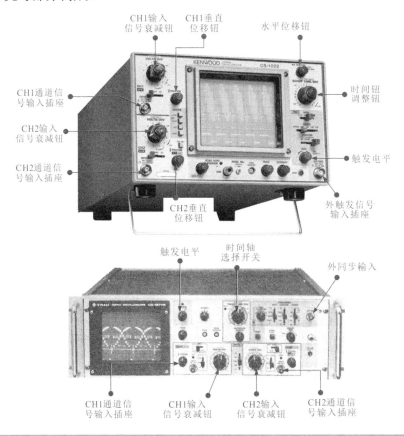

图 1-9　双踪示波器的外形结构

　　双踪示波器的频率范围有 0～20MHz、 0～40MHz 等规格，根据需要用在家电维修中。在电视机、摄录像机中，所处理的亮度信号的频率范围是 0～6MHz，色度信号的频率范围是 4.43～4.93MHz，而伴音信号的频率在 20kHz 以下，而中高频示波器除了可以检测音频信号、视频信号之外，还可以检测 20MHz 左右的一些时钟振荡信号和部分频率比较高一点的信号，在实际使用当中，比如检测录像机、彩色电视机内部电路，它们的频率大部分都在 10MHz 以下，一般是可以使用 20MHz 的示波器进行维修的。但是这些示波器都不能检测彩色电视机的射频信号，因为电视机的射频信号的频率在 40MHz 以上，而且信号强度较小，不宜用示波器检测。值得说明的是电视机的射频信号一般也不用示波器测量。在维修有线电视机系统的工作中，主要是使用场强仪或频谱分析仪检测射频信号。

1.2.2　模拟示波器和数字示波器

　　示波器按测量功能来分有模拟示波器和数字示波器两种。

1　模拟示波器

　　模拟示波器是一种实时监测波形的示波器，模拟示波器的实物外形如图 1-10 所示。

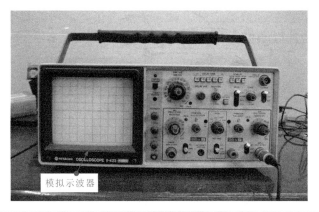

图 1-10　模拟示波器的实物外形

在实际应用中，模拟示波器能观察周期性信号，例如正弦波、方波、三角波等波形，或者是一些复杂的周期性信号，例如电视机的视频信号等，模拟示波器的结构简图如图 1-11 所示，适于检测周期性较强的信号。

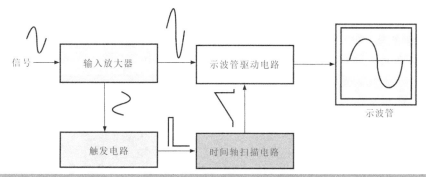

图 1-11　模拟示波器的电路框图

2　数字示波器

数字示波器一般都具有存储功能，能存储记忆所测量的任意时间的瞬时信号波形。因此被称之为数字存储示波器，它可以捕捉信号变化的瞬间，进行观测。图 1-12 是典型的数字示波器。

图 1-12　数字示波器的实物外形

除了常见的台式数字示波器之外，为了便于携带，常用的数字示波器还有手持式数字示波器，其实物外形如图 1-13 所示。

图 1-13　手持式数字示波器的实物外形

提示说明

常用示波器除上述的几种类型外，根据波形显示器件不同，还可分为阴极射线管（CRT）示波器、彩色液晶示波器和电脑监视器等。

● 阴极射线管（CRT）示波器的波形显示器件实际上是一种真空管，其阴极射线管（CRT）示波器的实物外形如图 1-14 所示。

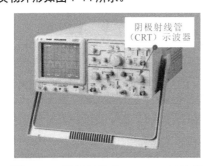

图 1-14　阴极射线管（CRT）示波器

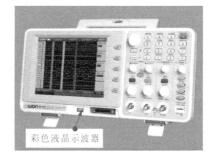

图 1-15　彩色液晶示波器

阴极射线管（CRT）示波器有聚焦和亮度的控制钮，可调节出锐利和清晰的显示波形。为显示"实时"条件下或突发条件下快速变化的信号，人们经常使用阴极射线管（CRT）示波器。其显示部分基于化学荧光物质，其亮度与荧光粉受电子束激发的时间和余辉特性有关。在信号出现越多的地方，轨迹就越亮。通过亮度的层次和辉度观察扫描轨迹的亮度来区别信号的细节。

但是 CRT 限制着模拟示波器显示的频率范围。在频率非常低的情况，信号会呈现出明亮而缓慢移动的亮点，很难分辨出波形。在高频处，起局限作用的是 CRT 荧光粉受电子束激发的时间短，故而亮度低，显示出来的波形过于暗淡，难于观察。模拟示波器的极限频率约为 1 GHz。例如测电源开、关瞬间的电压，上升时间，如果用模拟示波器很难观察到。

● 彩色液晶示波器是采用彩色液晶显示屏进行显示的，其显示波形的复杂程度相比阴极射线管（CRT）要高，目前，很多数字示波器采用液晶显示器件，其实物外形图如图 1-15 所示。

● 电脑监视器是用电脑对信号进行检测和分析，并显示波形，是利用电脑软件对信号进行处理的示波器，是现在市场上最新型的示波器，其显示和处理信号的能力较原有类型的示波器性能有了很大的提高，其实物外形如图 1-16 所示。这种示波器是利用电脑对信号进行处理，然后显示在图像显示器上，同时还可以将信号的波形和参数进行存储、传输和打印。

提示说明

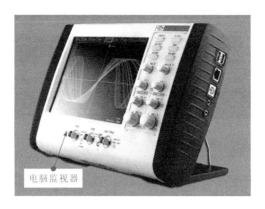

图 1-16　电脑监视器

　　根据测量范围的不同可分为超低频示波器和低频示波器、中频示波器、高频示波器及超高频示波器，如图 1-17 所示。

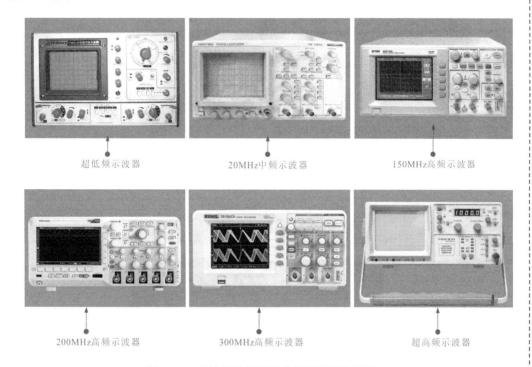

　　　超低频示波器　　　　　　　　20MHz中频示波器　　　　　　　150MHz高频示波器

　　200MHz高频示波器　　　　　　300MHz高频示波器　　　　　　　超高频示波器

图 1-17　示波器根据测量范围不同进行分类

　　超低频示波器和低频示波器适合测量超低频信号和低频信号，如测量声音信号等。其中，超低频示波器甚至可以检测一些低于 1MHz 的信号波形。

　　中频示波器的应用比较广泛，一般适合测量中高频信号，检测频率为 1 ～ 60MHz，常见的类型有 20MHz、30MHz、40MHz 信号示波器。

　　高频示波器可检测频率在 100MHz 以上的高频信号，常见的频率有 100MHz、150MHz、200MHz 和 300MHz 等。

　　超高频示波器可用来检测 1000MHz 以上的超高频信号，一般用于一些专业的领域中。

2.1 模拟示波器的结构特点

2.1.1 模拟示波器的整机结构

模拟示波器是一种采用模拟电路作为基础的示波器，显示波形的部件为 CRT 显像管（示波管），是比较常用的一种实时检测波形的示波器。

图 2-1 为典型模拟示波器的整机结构。主要由显示部分、键钮控制区域、测试线及探头、外壳等部分构成。

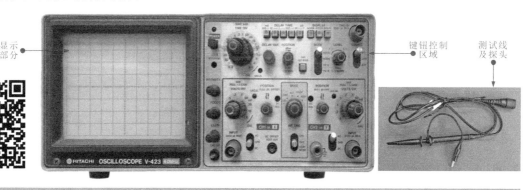

图 2-1 模拟示波器的整机结构

1 显示部分

示波器的显示部分主要由显示屏、护罩和刻度盘组成，如图 2-2 所示。

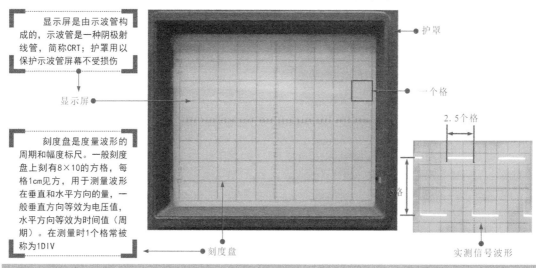

显示屏是由示波管构成的，示波管是一种阴极射线管，简称CRT；护罩用以保护示波管屏幕不受损伤

刻度盘是度量波形的周期和幅度标尺。一般刻度盘上刻有8×10的方格，每格1cm见方，用于测量波形在垂直和水平方向的量，一般垂直方向等效为电压值，水平方向等效为时间值（周期）。在测量时1个格常被称为1DIV

图 2-2 模拟示波器的显示部分

2 键钮控制区域

模拟示波器的右侧是键钮控制区域，每个键钮都有符号标记表示功能，每个键钮和插孔的功能均不相同。下一节将详细介绍每个键钮的功能特点。

3 测试线及探头

模拟示波器的测试线及探头是将被测电路的信号传送到模拟示波器输入电路的装置。

图2-3为典型模拟示波器的测试线及探头。探头主要是由测试探头头部（探针、探头护套及挂钩）、手柄、接地夹、连接电缆及探头连接头等组成的。探头护套位于探头头部，主要起保护作用。在探头护套的前端是探头挂钩（探钩）。探针位于探头头部，拧下探头护套即可看到探针，检测时，使用探头挂钩或探针与被测引脚连接即可实现对信号波形的检测。

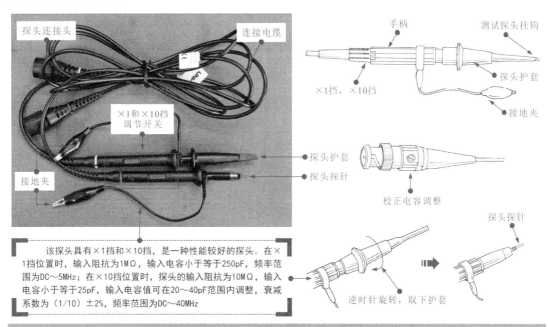

该探头具有×1挡和×10挡，是一种性能较好的探头。在×1挡位置时，输入阻抗为1MΩ，输入电容小于等于250pF，频率范围为DC～5MHz；在×10挡位置时，探头的输入阻抗为10MΩ，输入电容小于等于25pF，输入电容值可在20～40pF范围内调整，衰减系数为（1/10）±2%，频率范围为DC～40MHz

图2-3　典型模拟示波器的测试线及探头

2.1.2　模拟示波器的键钮功能

模拟示波器的键钮控制区域位于示波器整机的右侧。

图2-4为典型模拟示波器的键钮控制区域。模拟示波器的操作键钮各有各的功能，下面结合模拟示波器的实物图进行介绍。

（1）电源开关（POWER）：用于接通和断开电源，当接通电源时，位于电源开关上方的电源指示灯亮。

（2）指示灯：指示示波器的工作状态。模拟示波器的电源开关和指示灯如图2-5所示。

图 2-4　模拟示波器的键钮控制区域

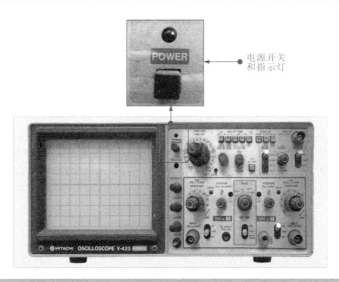

图 2-5　模拟示波器的电源开关（POWER）和指示灯

（3）CH1 信号输入端（INPUT 300V pk MAX）：用来连接示波器 CH1 测试线。

（4）CH2 信号输入端（INPUT 300V pk MAX）：用来连接示波器 CH2 测试线。

两个输入端可以单独使用，也可以同时使用，图 2-6 为 CH1 和 CH2 两个输入端同时输入信号波形。

（5）扫描时间和水平轴微调钮（SWP VAR TIME/DIV）：用于调节扫描时间，如图 2-7 所示。

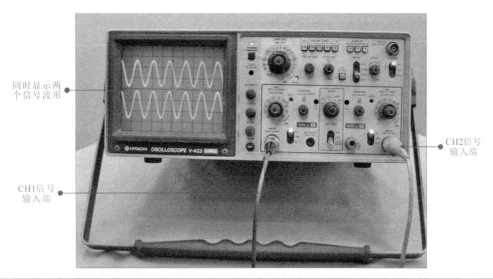

图 2-6　CH1 和 CH2 两个输入端同时输入信号波形

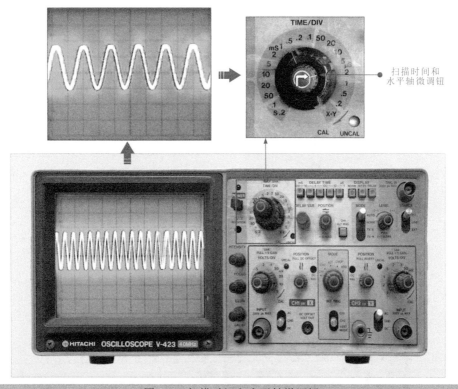

图 2-7　扫描时间和水平轴微调钮

（6）水平位置调整旋钮（H POSITION）：用于调节扫描线的水平位置，如图 2-8 所示。

（7）亮度调整旋钮（INTENSITY）：用于调节扫描线的亮度，如图 2-9 所示。

（8）聚焦调整旋钮（FOCUS）和扫描线亮度调节旋钮（ILLUM）：可调节扫描线变得更清晰，如图 2-10 所示。

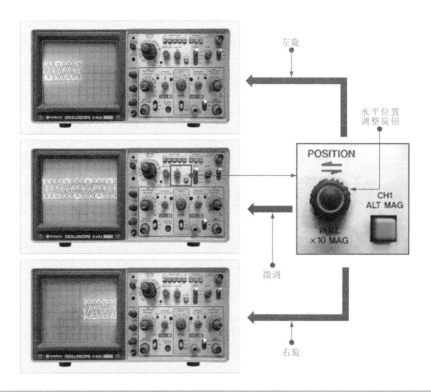

图 2-8　水平位置调整旋钮

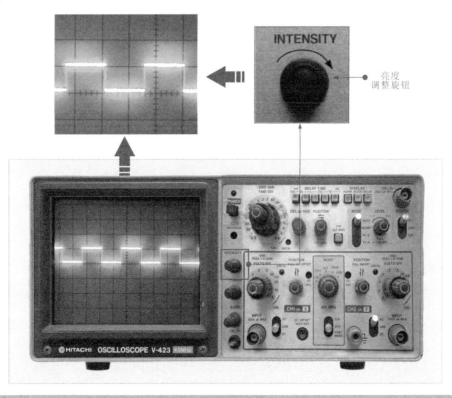

图 2-9　亮度调整旋钮

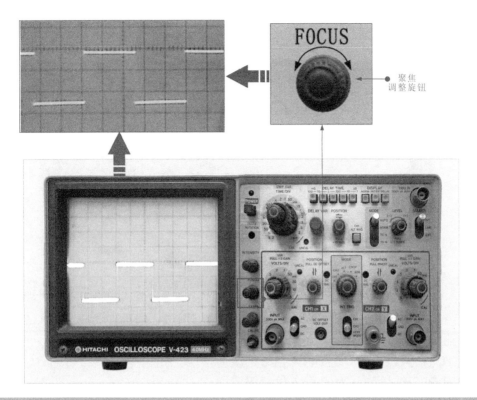

图 2-10　聚焦调整旋钮和扫描线亮度调节旋钮

（9）CH1 交流—接地—直流切换开关 [(CH-1)AC-GND-DC]：根据 CH1 信号输入端输入的信号选择不同的挡位，AC 为观测交流信号，DC 为观测直流信号，GND 为观测接地，如图 2-11 所示。

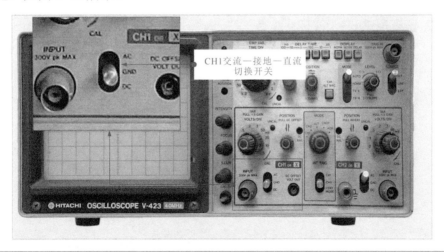

图 2-11　CH1 交流—接地—直流切换开关

（10）CH2 交流—接地—直流切换开关 [(CH-2)AC-GND-DC]：根据 CH2 信号输入端输入的信号选择不同的挡位，AC 为观测交流信号，DC 为观测直流信号，GND 为观测接地，如图 2-12 所示。

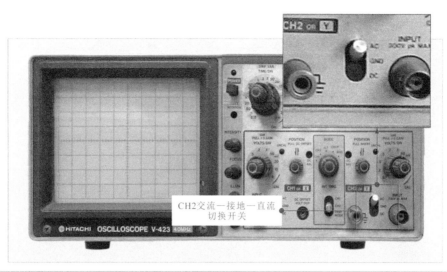

图 2-12　CH2 的交流—接地—直流切换开关

（11）　显示方式选择旋钮（MODE）：设置 CH-1、CH-2、CHOP、ALT 和 ADD 共 5 个挡位，如图 2-13 所示。

◆ CH-1：只显示由 CH-1 输入信号的波形。

◆ CH-2：只显示由 CH-2 输入信号的波形。

◆ CHOP：快速切换显示方式。

◆ ALT：两个输入信号的波形交替显示。

◆ ADD（Addition）：CH-1 和 CH-2 两个输入信号进行加法或减法处理并显示。

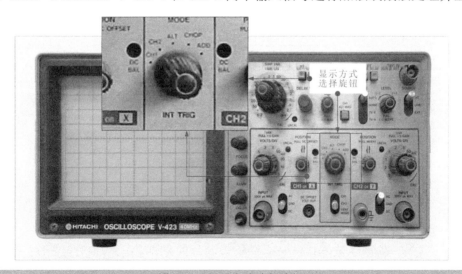

图 2-13　显示方式选择旋钮

（12）CH1 垂直位置调整旋钮 [（CH1）POSITION PULL DC OFFSET]：用于适当移动波形位置以便于观察。

（13）CH2 垂直位置调整旋钮 [（CH2）POSITION PULL INVERT]：用于适当移动波形位置以便于观察，如图 2-14 所示。

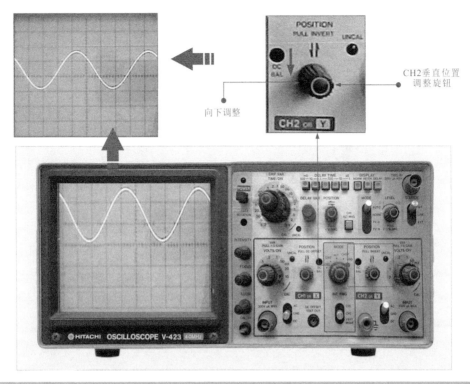

图 2-14　调节 CH2 垂直位置调整旋钮

（14）CH1 垂直轴灵敏度微调（VARIABLE）和垂直轴灵敏度切换（VOLTS/DIV）：这两个旋钮是一个同心调整旋钮，外圆环形旋钮是灵敏度切换钮，内圆旋钮是微调钮，可以根据被测信号的幅度切换输入电路的衰减量，使显示的波形在示波管上有适当的大小，如图 2-15 所示。

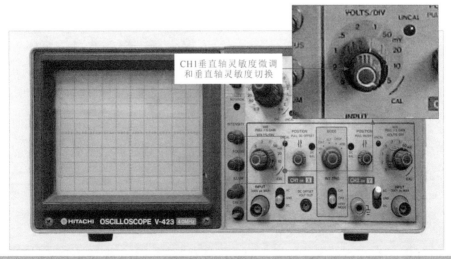

图 2-15　调节 CH1 垂直轴灵敏度微调旋钮

（15）CH2 垂直轴灵敏度微调（VARIABLE）和垂直轴灵敏度切换（VOLTS/DIV）：用于对 CH2 信号波形的垂直灵敏度进行调整，如图 2-16 所示。

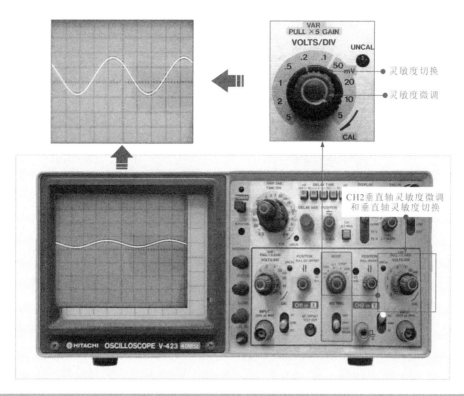

图 2-16　调节 CH2 垂直轴灵敏度微调旋钮

（16）同步调整（TRIG LEVEL）：用于微调同步信号的频率或相位，使其与被测信号的相位一致（频率可为整数倍），如图 2-17 所示。

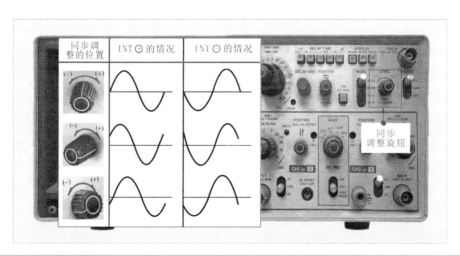

图 2-17　同步调整旋钮

（17）TV-H 和 TV-V（电视信号的行、场观测）：用于调整电视信号中的行信号观测或场信号观测，如图 2-18 所示。

（18）外部水平轴输入端或外部触发输入端（EXT.H or TRIG.IN）：内部扫描与外部信号同步时从该端加入外部同步信号，如图 2-19 所示。

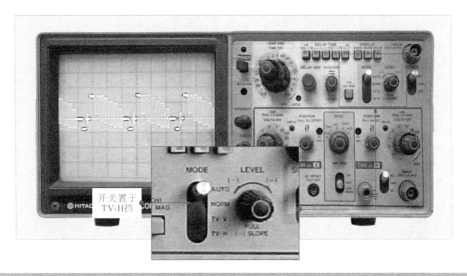

图 2-18　开关置于 TV-H 挡显示行信号波形

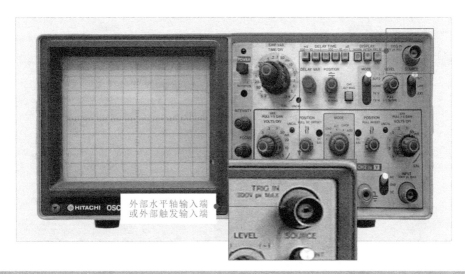

图 2-19　外部水平轴输入端或外部触发输入端

（19）同步（触发）信号切换开关（TRIG SOURCE）：使观测信号的波形静止在示波管上，INT 为内同步源，LINE 为线路输入信号，EXT 为由外部输入信号作为同步基准，如图 2-20 所示。

（20）校正信号输出端（CAL.5V）：用于输出模拟示波器内部产生的标准信号，如图 2-21 所示。

（21）接地端：测量信号波形时要将地线与被测设备的地线连接在一起。

（22）扫描线倾斜调整（TRACE ROTATION）：调整扫描线的水平方向。

（23）内触发切换开关（CH1-CH2 VERT MODE）：设定内部触发方式。

（24）延迟时间选择按钮（DELAY TIME）：设置 5 个延迟时间挡位，如图 2-22 所示。

（25）显示方式选择按钮（DISPLAY NORM INTEN DELAY）：设置 NORM、INTEN、DELAY3 个挡位，如图 2-23 所示。

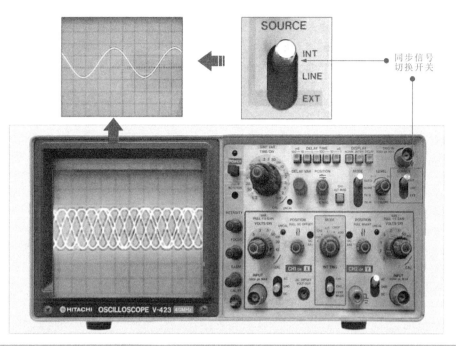

图 2-20　同步（触发）信号切换开关

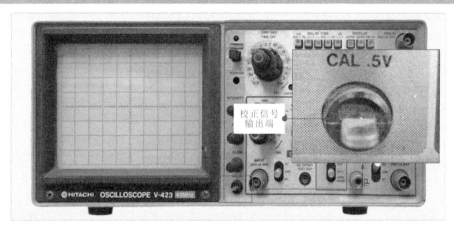

图 2-21　校正信号输出端

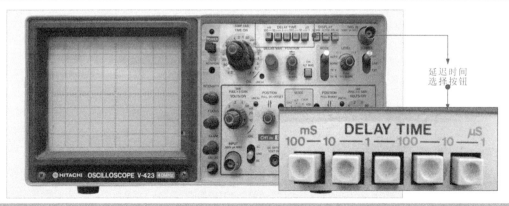

图 2-22　延迟时间选择按钮

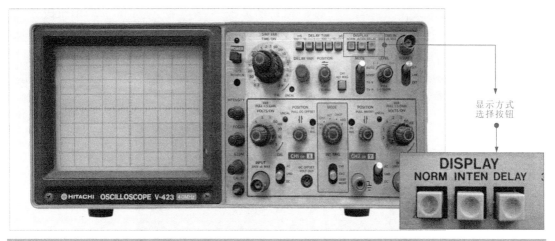

图 2-23　显示方式选择按钮

2.1.3　模拟示波器的工作原理

模拟示波器的功能方框图如图 2-24 所示。从图可见，它主要是由示波管和为垂直偏转、水平偏转提供驱动信号的电路构成的。

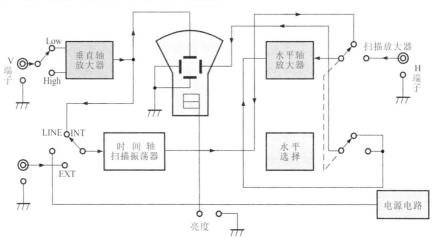

图 2-24　模拟示波器的功能方框图

　　要观测的信号加到模拟示波器面板上的垂直输入端子（V 端子），由垂直轴放大器放大后加到垂直偏转电极上。与此同时，在模拟示波器的内部设有水平扫描电压产生电路，所产生的水平扫描锯齿波电压加到模拟示波管的水平偏转电极上。这个电路又被称为时间轴扫描振荡电路。

　　模拟示波器显示信号波形的主要器件是示波管。其结构示意图如图 2-25 所示。示波管实际上就是一个显像管，又叫阴极射线管（CRT）。示波管前端是一个圆形（或方形）的荧光屏，在荧光屏内侧涂有荧光粉，示波器尾部设有电子枪，当电子枪被灯丝加热后会向阳极方向发射电子，在荧光粉的作用下，电子束射在荧光屏上就会发光，如果射在屏幕的同一位置，就会显示得越来越亮。当电子枪所发射的电子束按照输入信号的波形变化时,就可以在示波管上呈现出信号的波形。从图 2-25 所示的结构中可以看到,示波管中设有两组偏转电极,一组水平设置,另一组垂直设置。扫描振荡电路产生的锯齿波信号加到垂直偏转极板上,电子束在锯齿波电压的作用下上下移动,将测量的信号作为输入信号加到水平偏转极板上,电子束就会按照信号的波形左右变化,使波形信号显示在示波管的屏幕上。

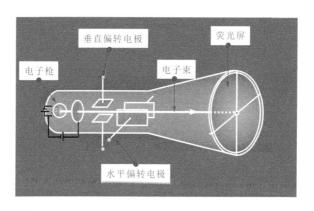

图 2-25   示波管的结构示意图

如果电子束没有受到外力作用,电子束就会射到荧光屏的中央,于是显示出一个亮点,若电子束受到了外力的作用,那么就会呈现出变化。把模拟示波器的探头和电路连接到一起后,电压信号通过探头到达模拟示波器的垂直偏转系统。设置垂直标度(对伏 / 格进行控制)后,衰减器能够减小信号的电压,而放大器可以增加信号的电压。随后,信号直接到达 CRT 的垂直偏转板。电压作用于这些垂直偏转板引起亮点在屏幕中移动。亮点是由打在 CRT 内部荧光物质上的电子束产生的。正电压引起亮点向上运动,负电压引起亮点向下运动,如图 2-26 所示。

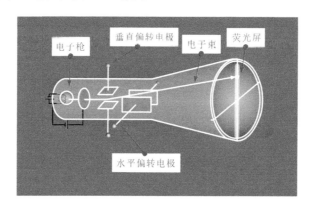

图 2-26   模拟示波器的垂直偏转系统

信号也经过触发系统启动或触发水平扫描。水平扫描是使电子束在水平方向偏转的系统。触发水平系统后,亮点以水平时基为基准,依照特定的时间间隔从左到右移动。许多快速移动的亮点融合到一起即可形成实心的线条。如果速度足够高,则亮点每秒钟扫过屏幕的次数高到 500000 次,如图 2-27 所示。

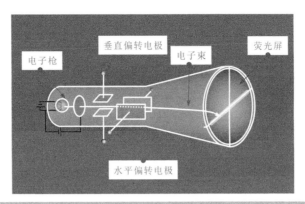

图 2-27　模拟示波器的水平偏转系统

水平扫描和垂直偏转共同作用即可形成显示在屏幕上的信号图像。触发器能够稳定实现重复的信号，确保扫描总是从重复信号的同一点开始，目的就是使呈现的图像清晰，如图 2-28 所示。

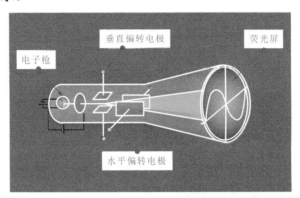

图 2-28　水平扫描和垂直偏转共同作用

2.2　数字示波器的结构特点

2.2.1　数字示波器的整机结构

数字示波器一般都具有存储记忆功能，能存储记忆测量过程中任意时间的瞬时信号波形，可以捕捉信号变化的瞬间进行观测。

图 2-29 为典型数字示波器的整机结构。从图中可以看出，数字示波器分为左右两部分，左侧部分为信号波形及数据的显示屏部分，右侧部分是示波器的控制部分，包括键钮区域、探头连接区。

1　显示屏

数字示波器的显示屏是显示测量结果和设备当前工作状态的部件，在测量前或测量过程中，参数设置、测量模式或设定调整等操作也是依据显示屏实现的。

图 2-30 为典型数字示波器的显示屏，可以看到，在显示屏上能够直接显示出波形

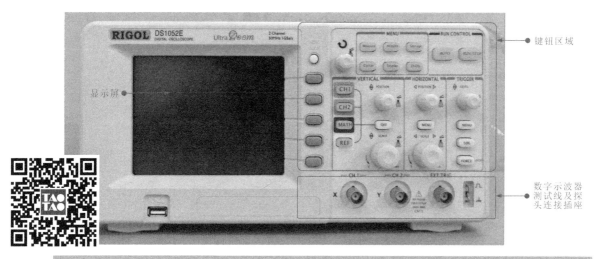

图 2-29　典型数字示波器的整机结构

的类型、屏幕每格表示的幅度、周期大小等，通过示波器屏幕上显示的数据可以很方便地读出波形的幅度和周期。

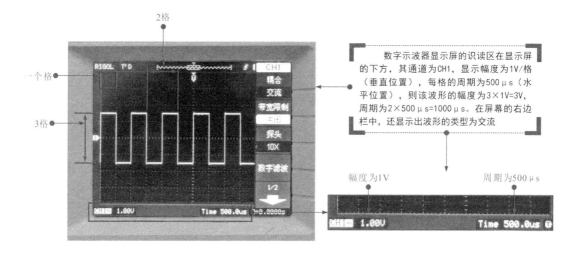

图 2-30　典型数字示波器的显示屏

2　键钮区域

键钮区域是数字示波器的主要控制部分，每个键钮都有各自的功能，掌握每个键钮的功能是学习使用数字示波器的前提。在下一节中我们将以实际数字示波器为例，详细介绍各键钮的功能应用。

3　探头连接区

数字示波器的探头连接区是连接示波器测试探头的区域。探头连接区需要与键钮区配合应用，相关模式设置应满足对应关系。例如，通道 1（CH1 信号输入端）对应键钮区域的 CH1 按键，通道 2（CH2 信号输入端）对应键钮区域的 CH2 按键，如图 2-31 所示。

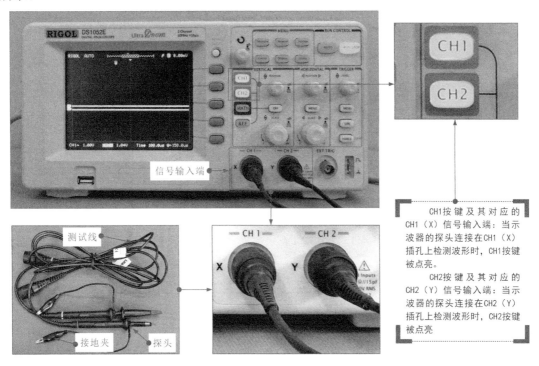

图 2-31　数字示波器的探头连接区及与键钮区域的对应关系

2.2.2　数字示波器的键钮功能

数字示波器的键钮区域设有多种按键和旋钮，如图 2-32 所示。可以看到，该部分设有菜单键、垂直控制区、水平控制区、触发控制区、菜单功能区及其他键钮。

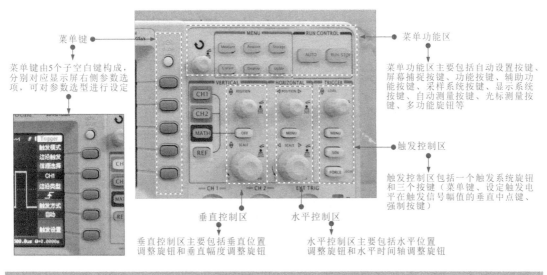

图 2-32　典型数字示波器的键钮区域

（1）菜单键。菜单键由 5 个子空白键构成，如图 6-36 所示。

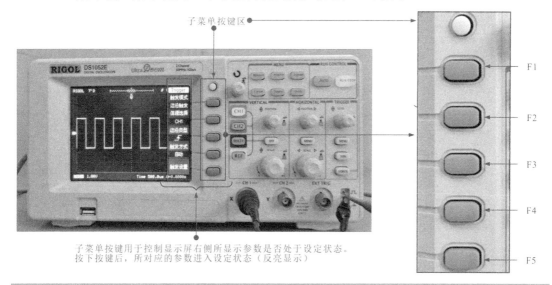

图 2-33　菜单键及其控制区域

提示说明

　　为方便介绍各功能子键的具体作用，将按键由上自下编号为 F1 ～ F5。

　　F1 键：用于选择输入信号的耦合方式，其控制区域对应在左侧显示屏上，有三种耦合方式，即交流耦合（将直流信号阻隔）、接地耦合（输入信号接地）和直流耦合（交流信号和直流信号都通过，被测交流信号包含直流信号）。

　　F2 键：控制带宽抑制，其控制区域对应在左侧显示屏上，可进行带宽抑制开与关的选择：带宽抑制关断时，通道带宽为全带宽；带宽抑制开通时，被测信号中高于 20MHz 的噪声和高频信号被衰减。

　　F3 键：控制垂直偏转系数，对信号幅度选择（伏／格）挡位可进行粗调和细调两种选择。

　　F4 键：控制探头倍率，可对探头进行 1×、10×、100×、1000× 四种选择。

　　F5 键：控制波形反向设置，可对波形进行 180° 的相位反转。

（2）垂直控制区。垂直控制区主要包括垂直位置调整旋钮和垂直幅度调整旋钮，如图 2-34 所示。

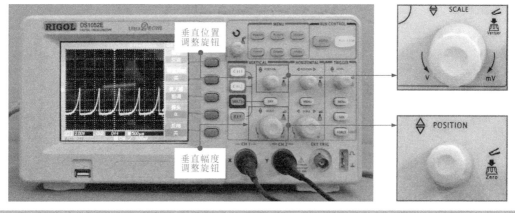

图 2-34　垂直控制区

　　垂直位置调整旋钮（POSITION）：可对检测的波形进行垂直方向的位置调整。

　　垂直幅度调整旋钮（SCALE）：可对检测的波形进行垂直方向幅度调整，即调整输入信号通道的放大量或衰减量。

　　图 2-35 为垂直位置和垂直幅度调整效果图。

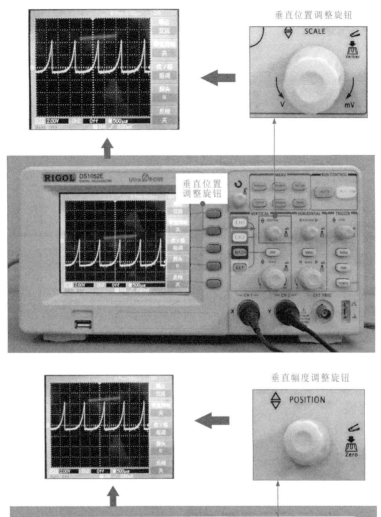

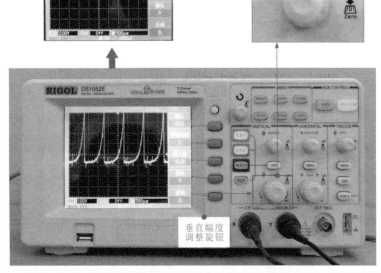

图 2-35　垂直位置和垂直幅度调整效果图

（3）水平控制区。水平控制区主要包括水平位置调整旋钮和水平时间轴调整旋钮，如图 2-36 所示。

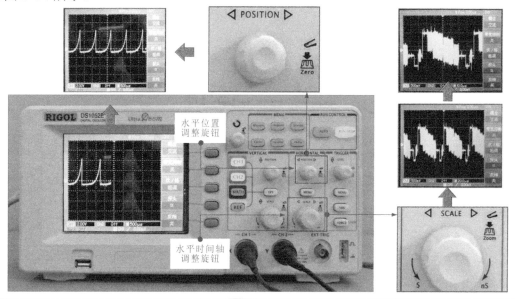

图 2-36　水平控制区的键钮

水平位置调整旋钮（POSITION）：可对检测的波形进行水平位置的调整。

水平时间轴调整旋钮（SCALE）：可对检测的波形进行水平方向时间轴的调整。

（4）触发控制区。触发控制区包括一个触发系统旋钮和三个按键，如图 2-37 所示。

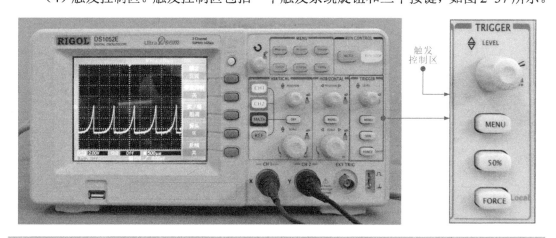

图 2-37　触发控制区

触发系统旋钮（LEVEL）：改变触发电平，可以在显示屏上看到触发标识来指示触发电平线，随旋钮转动而上下移动。

菜单（MENU）按键：可以改变触发设置。

50% 按键：设定触发电平在触发信号幅值的垂直中点。

强制（FORCE）按键：强制产生一触发信号，主要应用于触发方式中的正常和单次模式。

（5）菜单功能区。菜单功能区主要包括自动设置按键、屏幕捕捉按键、功能按键、辅助功能按键、采样系统按键、显示系统按键、自动测量按键、光标测量按键、多功能旋钮等，如图 2-38 所示。

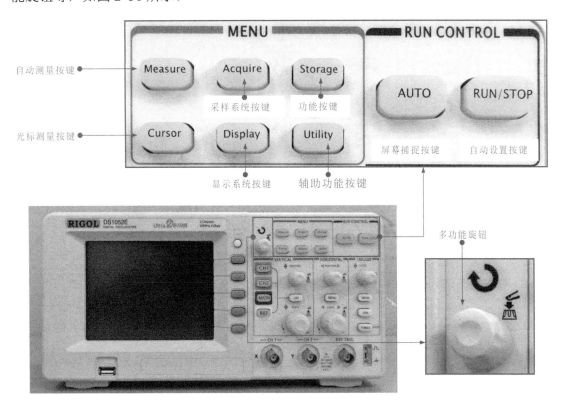

图 2-38　菜单功能区的按键

自动设置按键（AUTO）：使用该按键后，可自动设置垂直偏转系数、扫描时基及触发方式。

屏幕捕捉按键（RUN/STOP）：可以显示绿灯亮和红灯亮，绿灯亮表示运行，红灯亮表示暂停。

功能按键（Storage）：可将波形或设置状态保存到内部存储区或 U 盘上，并能通过 RefA（或 RefB）调出所保存的信息或调出设置状态。

辅助功能按键（Utility）：用于对自校正、波形录制、语言、出厂设置、界面风格、网格亮度、系统信息等选项进行相应的设置。

采样系统按键（Acquire）：可弹出采样设置菜单，通过菜单控制按钮调整采样方式，如获取方式（普通采样方式、峰值检测方式、平均采样方式）、平均次数（设置平均次数）、采样方式（实时采样、等效采样）等选项。

显示系统按键（Display）：用于弹出设置菜单，可通过菜单控制按钮调整显示方式，如显示类型、格式（YT、XY）、持续（关闭、无限）、对比度、波形亮度等信息。

自动测量按键（Measure）：可进入参数测量显示菜单，该菜单有 5 个可同时显示测量值的区域，分别对应功能按键 F1 ～ F5。

光标测量按键（Cursor）：用于显示测量光标或光标菜单，可配合多功能旋钮一起使用。

多功能旋钮：用于调整设置参数旋钮。

（6）其他键钮。其他键钮主要包括菜单按键、复位按键、关闭按键、REF 按键、USB 接口、电源开关，如图 2-39 所示。

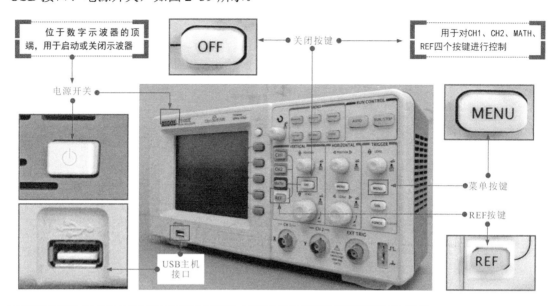

图 2-39　其他键钮

菜单按键（MENU）：用于显示变焦菜单，可配合 F1 ~ F5 按键使用。

复位按键（SET TO ZERO）：可使触发点快速恢复到垂直中点，也可以通过旋转水平位置旋钮（POSITION）调整信号在波形窗口的水平位置。

关闭按键（OFF）：可对 CH1、CH2、MATH、REF 四个按键进行控制。

REF 按键：可调出存储波形或关闭基准波形。

USB 主机接口：用于连接 USB 设备（U 盘或移动硬盘）和读取 USB 设备中的波形。

电源开关：位于数字示波器的顶端，用于启动或关闭示波器。

2.2.3 数字示波器的工作原理

数字示波器的电路结构如图 2-40 所示。图中示出了被测信号的处理和显示过程，是一种可同时检测两个信号的数字示波器，在实际使用中还有检测多路信号的数字示波器。

数字示波器和模拟示波器的结构比较示意图如图 2-41 所示。图中虚线部分是数字示波器增加的电路部分。从图中可见，数字示波器的主要特点是将被测信号进行数字化，即将模拟信号变成数字信号。被测信号变成数字信号以后在微处理器的控制下进行存储，把被测信号的一部分，即一个时间段的信号记录在存储器中，可以清楚稳定地显示存储的信号波形，在测量数字信号和比较复杂的模拟信号时非常有用。

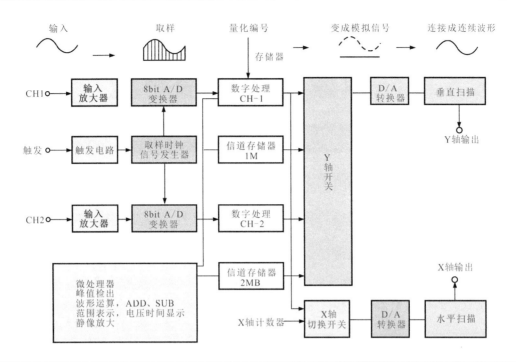

图 2-40　数字示波器的电路结构

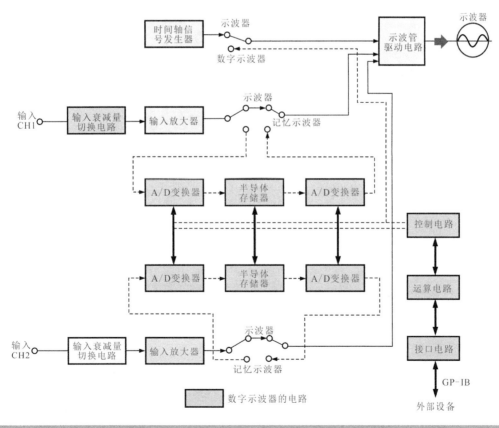

图 2-41　数字示波器和模拟示波器的结构比较示意图

第3章 示波器的使用方法

3.1 模拟示波器的使用方法

3.1.1 模拟示波器的使用操作

模拟示波器使用包括使用前的准备、键钮调整和使用训练三个基本环节。

1 模拟示波器使用前的准备

使用模拟示波器前需要做好充足的准备工作，如连接电源及测试线、开机前键钮初始化设置、开机调整扫描线和探头自校正等。

（1）连接电源及测试线。使用模拟示波器前，先连接电源线，即将电源线的一端连接模拟示波器的供电插口，另一端连接电源插座；再将测试线及探头连接到模拟示波器的测试端插座上，如图3-1所示。

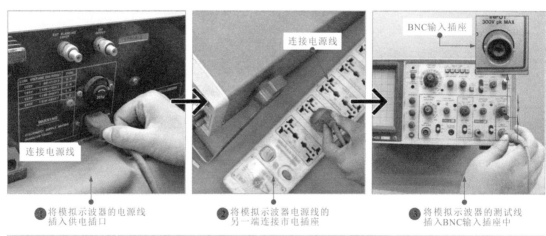

❶ 将模拟示波器的电源线插入供电插口

❷ 将模拟示波器电源线的另一端连接市电插座

❸ 将模拟示波器的测试线插入BNC输入插座中

图 3-1　模拟示波器电源线和测试线的连接

> **提示说明**
>
> 通常，模拟示波器的测试端采用 BNC 型插座，连接时，将示波器的测试线先插入测试端 CH1，然后顺时针旋转，锁紧。采用同样的方法连接另一根测试线到示波器的 CH2 测试端上，在一般情况下，被测信号通过探头输入模拟示波器并在显示屏上显示出来。

（2）开机前键钮的初始化设置。模拟示波器开机前需要进行初始化设置，即将水平位置（H.POSITION）调整旋钮和垂直位置（V.POSITION）调整旋钮置于中心位置。触发信号源（TRIG.SOURCE）旋钮置于内部位置，即 INT。触发电平（TRIG.EVEL）旋钮置于中间位置，显示模式开关置于自动位置，即 AUTO 位置，如图3-2所示。

① 水平位置调整钮
（置于中间位置）

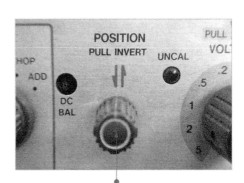

② 垂直位置调整钮
（置于中间位置）

③ 触发同步基准选择开关
（置于内同步方式：INT）

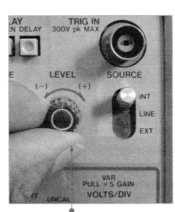

④ 触发电平旋钮
置于中间位置

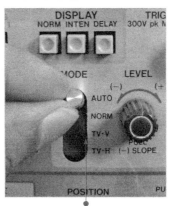

⑤ 显示模式开关置于
自动位置（AUTO）

图 3-2　模拟示波器开机前键钮的初始化设置

2　模拟示波器键钮的调整

（1）开机调整扫描线。检测信号前，先使示波器进入准备状态，按下电源开关，电源指示灯亮，约 10s 后，显示屏上显示一条水平亮线。这条水平亮线就是扫描线，如图 3-3 所示。

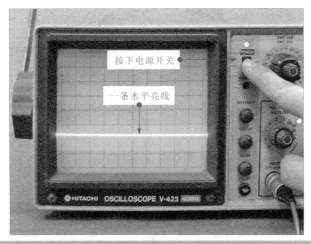

按下电源开关

一条水平亮线

图 3-3　模拟示波器的开机操作

若扫描线不处在显示屏的垂直居中位置，则可以调节垂直位置调整旋钮将扫描线调至中间位置，如图 3-4 所示。

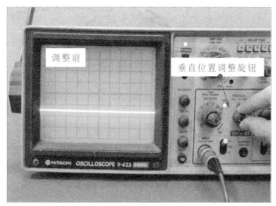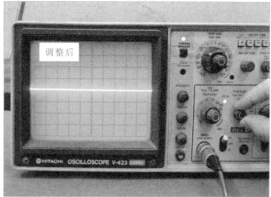

图 3-4　调节垂直位置调整旋钮

如果观察到扫描线的亮度不够或亮度过亮，则可以调节亮度调整旋钮，使亮度适中，如图 3-5 所示。

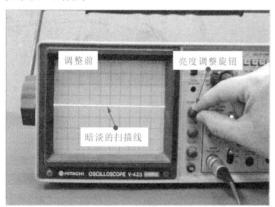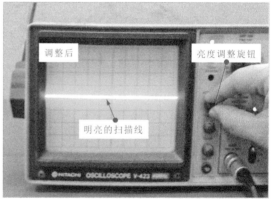

图 3-5　调节亮度调整旋钮

如果扫描线聚焦不良，则需要调整聚焦旋钮，如图 3-6 所示。

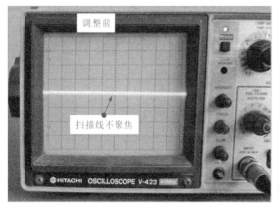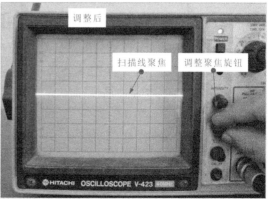

图 3-6　调整聚焦旋钮

通过刻度盘亮度调节旋钮可以对模拟示波器显示屏刻度盘的亮度进行调整，如图 3-7 所示。

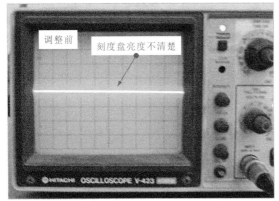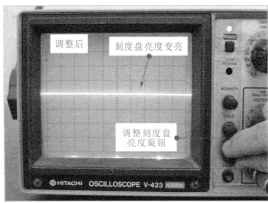

图 3-7　模拟示波器显示屏刻度盘亮度的调整

（2）模拟示波器探头自校正。扫描线调节完成后，将模拟示波器探头连接在自身的基准信号输出端（1000Hz、0.5 V 方波信号），显示窗口会显示 1000Hz 的方波信号波形。若出现波形失真的情况，则可以使用螺钉旋具调整模拟示波器探头上的校正螺钉对探头进行校正，使显示屏显示的波形正常，如图 3-8 所示。

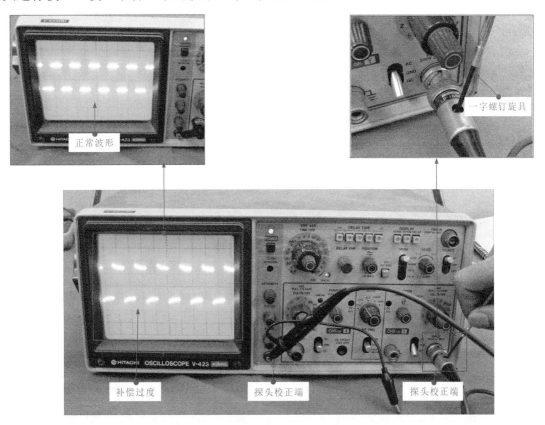

图 3-8　模拟示波器探头自校正

在校正时，方波除可能出现上面的补偿过度而引起的失真外，还可能出现波形补偿不足的现象，如图 3-9 所示。

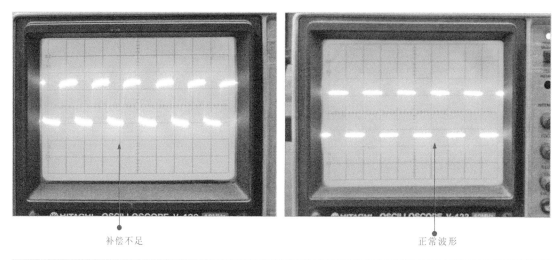

图 3-9　波形补偿不足的现象

3 **模拟示波器的使用训练**

示波器使用前的准备工作完成以后，就可以进行信号波形的测量了，具体的操作步骤如下：

（1）选择示波器测试线的连接通道。这里使用 CH2 通道，将输入耦合方式开关拨到"AC"（测交流信号波形）或"DC"（测直流信号波形）的位置，如图 3-10 所示。

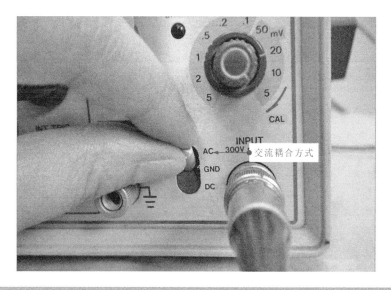

图 3-10　选择输入耦合方式开关

（2）测量电路的信号波形时，首先将示波器探头的接地夹接到被测信号发生器的地线上，如图 3-11 所示。

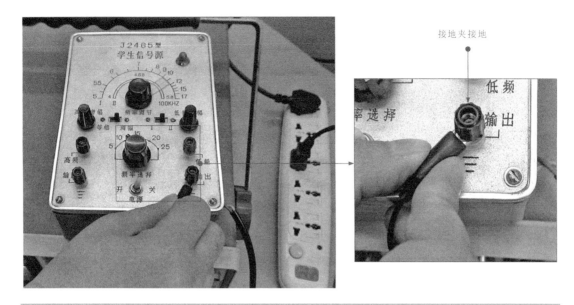

图 3-11　示波器接探头的接地夹接地

（3）将示波器的探头（带挂钩端）接到被测信号发生器的高频调幅信号的输出端，如图 3-12 所示。

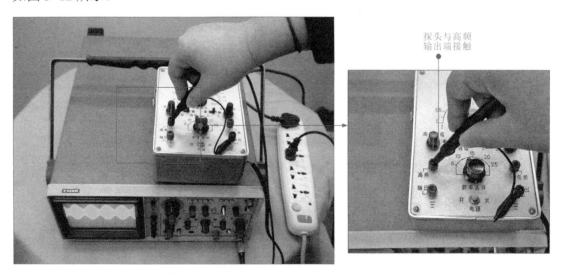

图 3-12　示波器的探头接信号发生器的高频调幅输出端

（4）若信号波形有些模糊，可通过适当调节扫描时间和水平轴微调旋钮，使波形变清晰，如图 3-13 所示。

（5）若波形暗淡不清晰，可以适当调节亮度调节旋钮，使波形明亮清楚，如图 3-14 所示。

（6）若波形不同步（跳跃闪烁），可调节微调触发电平旋钮，使波形稳定，如图 3-15 所示。

（7）调整完成后，观察波形，读取并记录波形相关的参数，如图 3-16 所示。

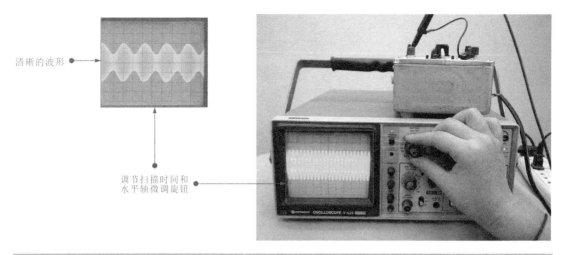

清晰的波形

调节扫描时间和
水平轴微调旋钮

图 3-13　调节扫描时间和水平轴微调旋钮使波形清晰

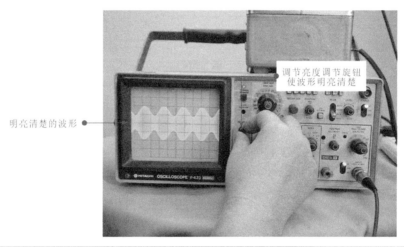

调节亮度调节旋钮
使波形明亮清楚

明亮清楚的波形

图 3-14　调节亮度调节旋钮使波形明亮清楚

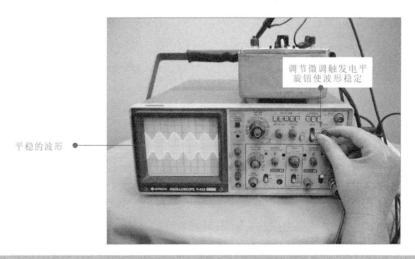

调节微调触发电平
旋钮使波形稳定

平稳的波形

图 3-15　调节微调触发电平旋钮使波形稳定

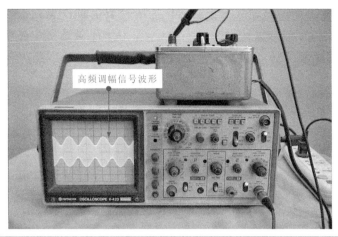

图 3-16　信号发生器输出的高频调幅信号波形图

3.1.2　模拟示波器波形信息的读取

　　模拟示波器最终的测量结果以波形的形式在显示屏上呈现。识读波形信息是分析波形的状态和参数的重要环节。

　　模拟示波器波形信息与扫描时间（用字母 H 标识）、垂直轴灵敏度（用字母 V 标识）以及探头衰减倍数有关。一个完整波形垂直方向等效为电压值 U_{DC}，水平方向等效为时间值（周期）T（实际波形受微调钮影响，与理论值有一定偏差）。

$$U_{DC} = 垂直幅度 \times 垂直灵敏度值 V \times 探头衰减比$$
$$T = 水平幅度 \times 扫描时间 H \times 衰探头衰减比$$

　　例如，图 3-17 为使用模拟示波器测量的一个波形，其扫描时间和水平轴微调钮的位置指示为 20μs（即扫描时间 $H=20μs/DIV$），CH1 垂直轴灵敏度微调和垂直轴灵敏度切换旋钮的位置为 50mV（即垂直轴灵敏度 $V=50mV/DIV$），探头衰减倍数为 10。

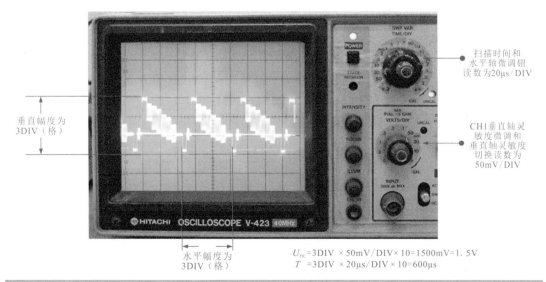

图 3-17　模拟示波器波形信息的读取案例 1（视频信号波形）

例如，图 3-18 为使用模拟示波器测量的正弦信号波形，其扫描时间和水平轴微调钮的位置指示为 50μs（即扫描时间 $H=50μs/DIV$），CH1 垂直轴灵敏度微调和垂直轴灵敏度切换旋钮的位置为 0.2V（即垂直轴灵敏度 $V=0.2V/DIV$），探头衰减倍数为 10。

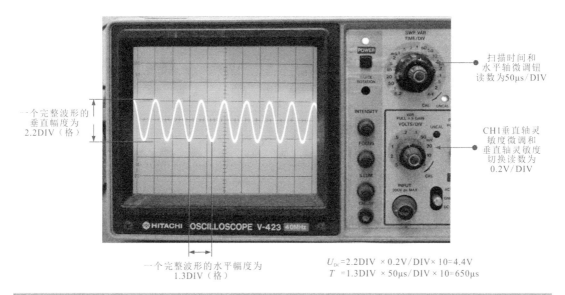

图 3-18　模拟示波器波形信息的读取案例 2（正弦信号波形）

3.1.3　模拟示波器的误差消除方法

1　用示波器测量电压的误差

通常，示波器垂直灵敏度约有 ±2% 的误差，这个误差与垂直灵敏度挡（VOLTS/DIV）的位置也有关。对双踪示波器来说，CH-1 和 CH-2 两个信号通道之间误差也不同，约有 3% 的误差。要进行较为精确的测量，必须了解各信号通道在不同测量范围内的误差大小。这样在实际测量时便可根据示波器本身具有的误差去修正实际测量值，得到精确的测量值。

图 3-19 为示波器误差对测量的影响图，这是一种实际测量情况，将两个相位一致、幅度不同的信号分别送到 CH-1（2.1V）和 CH-2（1.9V）。如果两信道的误差分别为 +1% 和 -1%，各自的幅度误差为：

$$CH-1\ 2.1（DIV）×1\%=0.021DIV$$
$$CH-2\ 1.9（DIV）×（-1\%）=-0.019DIV$$

上述两信号的差电压应为 $U=2.1-1.9=0.2$（DIV）。

两个信号之差的电压值也会有误差，其误差为 0.021-（-0.019）=0.04(DIV)。实际测量时，可用示波器的差状态测量。通过这种计算可知，用示波器测量的两个信号的差值会有 20% 的误差。

实际测量时将示波器垂直灵敏度挡调至 0.2 V/DIV 挡（指高灵敏度）显示的差信号幅度为 1.2 DIV。

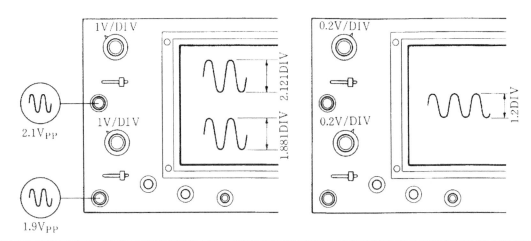

图 3-19　示波器误差对测量的影响

实际测量时，先对示波器两个信号输入端 CH-1、CH-2 输入同一个信号，由于两个信号通道的增益有误差，所以示波管上会有大小不同的波形显示。因为实际波形应当是相同的，这时可微调一下波形幅度大的信号通道的灵敏度微调钮（VARIABLE），使两个显示的波形大小相当。这种调整实际上是将两个信号通道的增益相等，图 3-20 为消除示波器误差的方法。

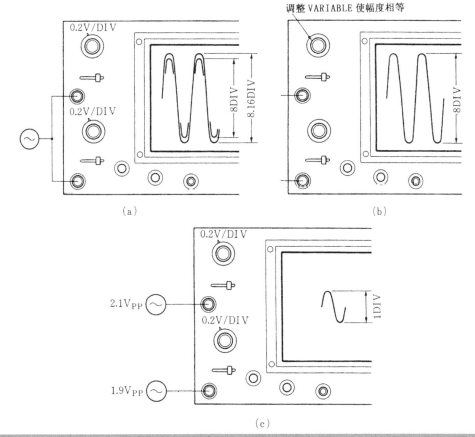

图 3-20　消除示波器误差的方法

2 探头对脉冲波形的影响

示波器的输入耦合方式采用交流（AC）方式。观测低频方波信号，方波波形的下降量如图 3-21 所示，如果采用直流（DC）耦合方式，就不会有图 3-21 中的下降情况。示波器的下降量 D 可用波形的下降幅度与波形的上升沿幅度之比来表示。

$$D = \frac{b}{a} \times 100\%$$

这种下降量是与频率有关的。当用示波器使用交流耦合方式进行测量时，如低频截止频率为 f_C，所测量的方波信号的频率为 f_s，其下降量可由下式计算：

$$\frac{b}{a} = \frac{1 - e^{-\pi\frac{f_c}{f_s}}}{1 + e^{-\pi\frac{f_c}{f_s}}}$$

此公式适用于对称形方波的检测。如果示波器的低频截止频率为 f_C =5 IIz，方波信号频率为 f_s=50 Hz，测量时的下降量为：

$$\frac{1-e^{-\pi\frac{5}{50}}}{1+e^{-\pi\frac{5}{50}}} \times 100\% \approx 15.6\%$$

从计算可知，其波形的下降量是很大的。如果使用衰减型探头（衰减量为 10:1），则会有明显改善。此时灵敏度变成原来的 1/10，f_C 也变为 1/10，则 f_C =5/10=0.5 Hz。

$$\frac{1-e^{-\pi\frac{0.5}{50}}}{1+e^{-\pi\frac{0.5}{50}}} \times 100\% \approx 1.57\%$$

通过重新计算可见，所观测的波形下降量有明显减小。

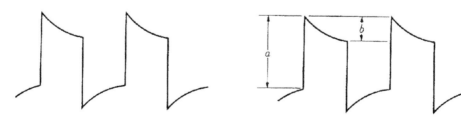

图 3-21 方波波形的下降量

3 测量高频信号的方法

测量高频信号时常常需要使用高压探头。示波器所用的高压探头有很多种，其性能中最重要的就是高频特性，影响高频特性的主要是探头的头部结构，如图 3-22 所示的 A 部分。头部挂钩的部分可以取下来，检测的信号通过电缆送到示波器的信号输入端。

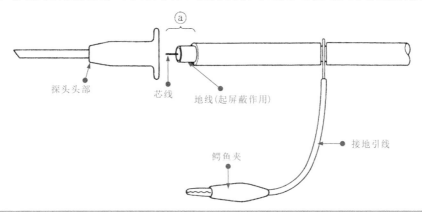

图 3-22　示波器探头的头部结构

示波器探头的高频特性可用图 3-23 所示的方法进行测量。将示波器探头接到具有 50Ω 输出阻抗的信号源输出端，在这种状态时通过调整可以得到最佳特性。但是，当用示波器的探头进行电路测量时，如使用如图 3-24 所示的接地线，会对高频信号产生不利的影响（30 ～ 50MHz ）。特别是由于接地线过长，其影响会更大，使用示波器接地夹接到所测电路的接地点会减少这种影响。

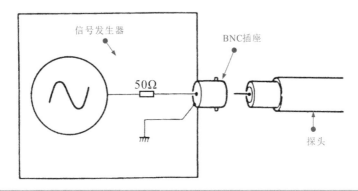

图 3-23　示波器探头特性的检测

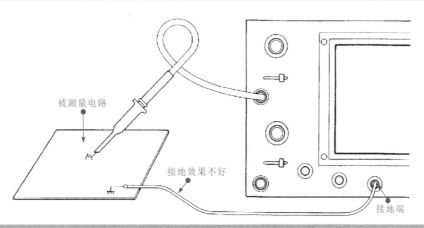

图 3-24　测量电路时避免接地线过长

3.2　数字示波器的使用方法

3.2.1　数字示波器的使用操作

数字示波器使用也包括使用前的准备、键钮调整和使用训练三个基本环节。

1　数字示波器使用前的准备

数字示波器使用前的准备主要分为两个步骤，即连接测量表笔、开机前检查。

（1）连接测量表笔。测量表笔的连接是数字示波器使用中最基础的操作，也是最重要的操作。

数字示波器探头接口采用旋紧锁扣式设计，插接时，将测试线的接头座对应插入探头接口后，顺时针旋动接头座，即可将其旋紧在接口上，如图 3-25 所示，此时就可以使用该通道进行测试了。

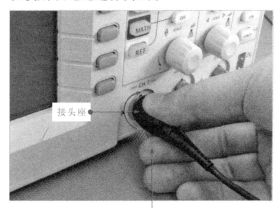
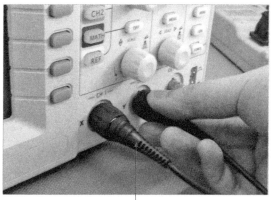

❶ 将测试线的接头座对应插入探头接口后，顺时针旋动接头座锁紧

❷ 另外一个接口也采用同样的方法插入后顺时针旋动接头座锁紧即可

图 3-25　数字示波器测试线的连接

数字示波器正常工作需要市电电源供电，因此连接测量表笔后，还需要将数字示波器的供电端与市电插座连接，如图 3-26 所示。

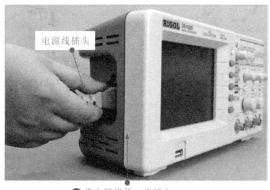
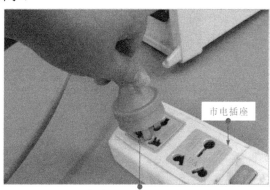

❶ 将电源线的一端插入数字示波器的供电接口

❷ 将电源线的另一端连接市电插座

图 3-26　数字示波器电源线的连接（一）

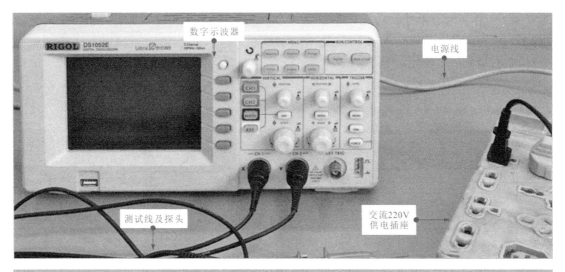

图 3-26　数字示波器电源线的连接（二）

（2）开机前检查。为了保证数字示波器的使用寿命及精确、正常地检测和显示信号波形，在使用数字示波器时应注意以下几点事项。

● 在使用数字示波器检测前必须阅读技术说明书，对所选用数字示波器的硬件、软件功能及特性参数有全面、准确的了解和掌握。

● 市电供电电压要符合数字示波器的要求，使用专用的电源线、适当的熔丝或数字示波器规定的熔丝，接地线要可靠接地，探头地线与地电势相同，切勿将地线连接高电压。

● 非专业维修人员不要将数字示波器的外盖或面板打开，电源接通后，请勿接触外露的接头或元器件。

● 不要在潮湿、易燃易爆的环境下操作数字示波器，要保持其表面的清洁与干燥。

2 开机和测量调整

做好开机前的准备工作后，按下电源开关，数字示波器开机，此时可以观察到数字示波器的开机界面，如图 3-27 所示。

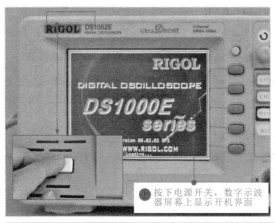

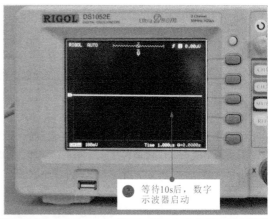

图 3-27　数字示波器的开机操作

（1）数字示波器的自校正。数字示波器接通电源并开机后，还需要进一步调整才可进行检测操作。若第一次使用数字示波器或长时间没有使用，则应进行自校正。数字示波器的自校正如图 3-28 所示。

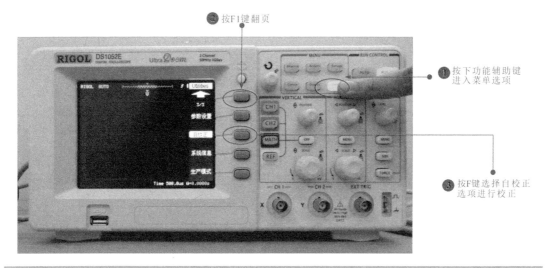

图 3-28 数字示波器的自校正

（2）数字示波器使用前的设置及调整。连接完成数字示波器的电源线、开机及自校正后，开始进行数字示波器使用前的调整和操作。数字示波器通道的设置方法如图 3-29 所示。

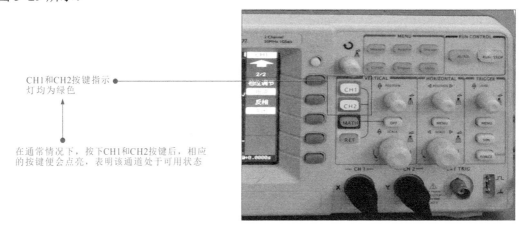

图 3-29 数字示波器通道的设置方法

提示说明

若要关闭 CH1 或 CH2 通道中的一个或全部，则需要使用 OFF 按键。按下 OFF 按键后，CH1 通道的指示灯熄灭，此时 CH1 通道的探头检测不到波形，即屏幕上无法显示波形；再按下 OFF 按键后，CH2 通道的指示灯熄灭，此时 CH2 通道的探头检测不到波形。

数字示波器整机自校正完成后不能直接检测，还需要校正探头，使整机处于最佳测量状态。

数字示波器本身有基准信号输出端，可将探头连接基准信号输出端进行校正，如图 3-30 所示。

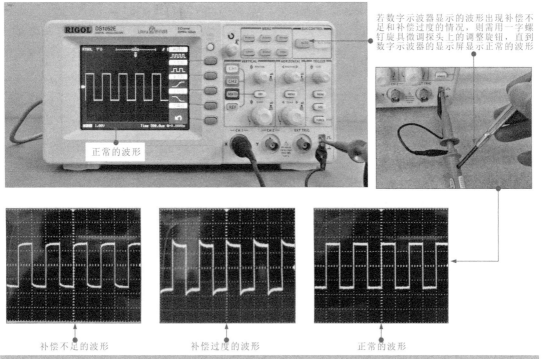

若数字示波器显示的波形出现补偿不足和补偿过度的情况，则需用一字螺钉旋具微调探头上的调整旋钮，直到数字示波器的显示屏显示正常的波形

正常的波形

补偿不足的波形　　　　　　　补偿过度的波形　　　　　　　正常的波形

图 3-30　将探头连接数字示波器的校正信号输出端

3　数字示波器的使用训练

以使用数字示波器测量基准信号为例。数字示波器测量基准信号实际上就是数字示波器对本身输出信号的自我检测，如图 3-31 所示。数字示波器开机后，将探头与校正信号输出端连接，探头的接地夹夹在数字示波器的接地端上即可检测到基准信号。

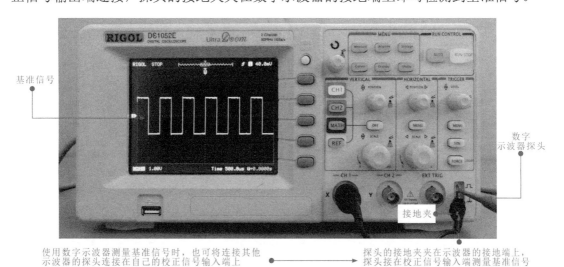

基准信号

数字示波器探头

接地夹

使用数字示波器测量基准信号时，也可将连接其他示波器的探头连接在自己的校正信号输入端上

探头的接地夹夹在示波器的接地端上，探头接在校正信号输入端测量基准信号

图 3-31　使用数字示波器测量基准信号波形

在检测信号时，需要对数字示波器进行一些调整，使检测到的信号波形清晰、准确、便于分析。常用到的基本调整主要包括信号波形垂直位置与幅度的调整、信号波形水平位置与宽度的调整及信号波形的捕捉。

（1）信号波形垂直位置与幅度的调整。数字示波器显示波形垂直位置的调整是由垂直位置调整旋钮控制的，垂直幅度的调整是由垂直幅度调整旋钮控制的。信号波形垂直位置和垂直幅度的调整如图 3-32 所示。

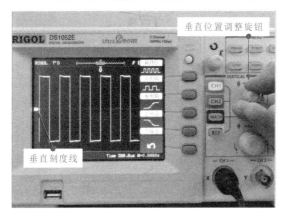

图 3-32　信号波形垂直位置和垂直幅度的调整

提示说明

使用垂直位置调整旋钮可以改变波形在垂直方向的位置上下移动，调整垂直幅度旋钮可以改变波形幅度的大小，旋钮的量程为 2mV ～ 5V，调整方法与水平位置的调整方法基本相同。

在波形的调整过程中，若波形的水平位置和垂直位置都不能调整到中间位置，则可使用数字示波器自带的归零按键将波形调整到中间位置。数字示波器自带归零按键的使用如图 3-33 所示。

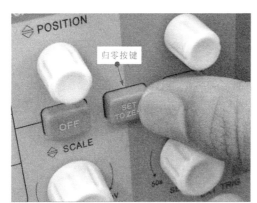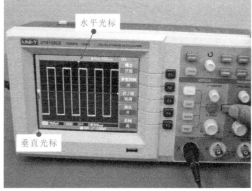

图 3-33　数字示波器自带归零按键的使用

当数字示波器显示屏显示的波形不在显示屏的中间位置时，可按下归零按键，观察数字示波器显示屏的变化，可以看到波形迅速回到中间位置（水平方向和垂直方向）。归零按键给测试人员带来极大的方便。

（2）信号波形水平位置与宽度的调整。波形水平位置的调整是由水平位置调整旋钮控制的，波形周期的调整是由水平时间轴调整旋钮控制的。信号波形水平位置的调整如图 3-34 所示。

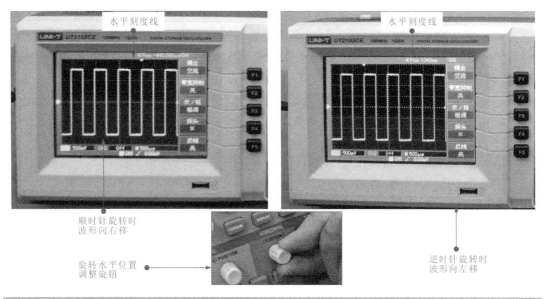

图 3-34　信号波形水平位置的调整

提示说明

使用水平位置调整旋钮有两种方式：顺时针旋转和逆时针旋转。当顺时针旋转时，水平位置的光标向右移动，同时波形右移；当逆时针旋转时，水平位置的光标向左移动，同时波形左移。

若波形的宽度（周期）过宽或过窄，则可使用水平时间轴调整旋钮进行调整。信号波形周期的调整如图 3-35 所示。

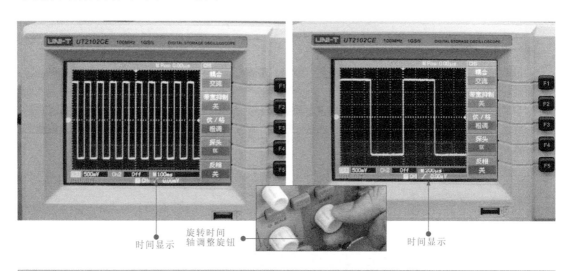

图 3-35　信号波形周期的调整

提示说明

　　使用水平时间轴调整旋钮可以改变波形的周期，逆时针旋转可将时间轴变大，即周期变大；顺时针旋转，可将时间轴变小，即周期变小。

　　（3）信号波形的捕捉。数字示波器带有屏幕捕捉功能，可以将瞬时变化的波形及时捕捉下来并显示。这项功能在观测变化的信号时非常实用。数字示波器屏幕的捕捉如图3-36所示。

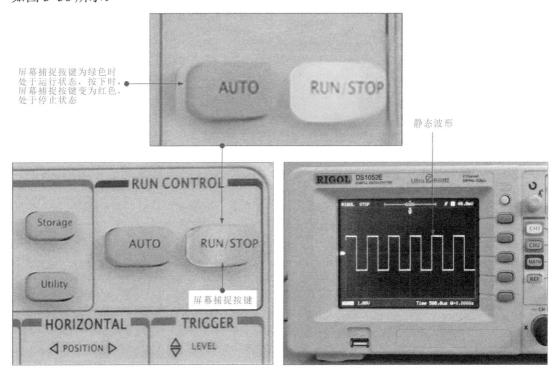

图3-36　数字示波器屏幕的捕捉

提示说明

　　屏幕捕捉按键显示绿灯亮，表示正在运行，此时，观察显示屏的显示区可以观察到检测的波形，若在视频状态下，则是动态的波形。

　　为了更好地分析波形，按下屏幕捕捉按键，该按键由绿灯显示变为红灯显示，说明此时动态的波形变为静止的波形，便于对该波形进行分析。在该状态下，再按下该按键，则波形再次变为动态，按键变为绿色。

3.2.2　数字示波器波形信息的读取

　　数字示波器显示的波形比较直接，波形的类型、屏幕每格表示的幅度、周期大小直接显示在示波器的显示屏上，通过示波器屏幕上显示的数据，可以很方便地读出波形的幅度和周期。数字示波器的识读实例如图3-37所示。

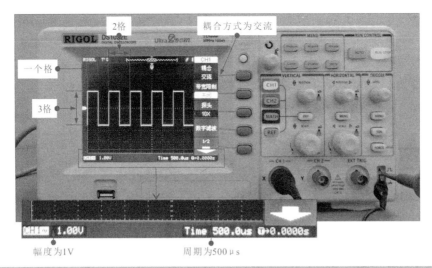

图 3-37　数字示波器波形的识读实例

由图 3-37 可知，识读区在显示屏的下方，其通道为 CH1，显示幅度为 1 V/格（垂直位置），每格的周期为 500 μs（水平位置），则该波形的幅度为 3×1V=3V，周期为 2×500 μs=1000 μs。在屏幕的右边栏中，还显示出波形的类型为交流。

3.2.3　数字示波器的功能拓展

数字示波器的功能拓展包括双通道波形测试、示波器探头的功能扩展以及其他功能按键的功能扩展等。

1　双通道波形测试功能拓展

使用数字示波器的两个通道同时检测可实现双通道的信号输出。仍以信号发生器作为信号源，设定信号发生器输出双信号，通过两个测试线分别与数字示波器的两个测试通道连接，如图 3-38 所示。

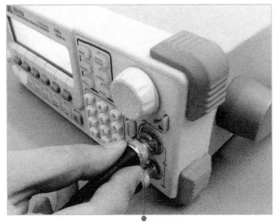

❶ 将两条双夹线对准接头座插入，顺时针旋转

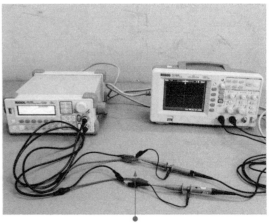

❷ 将两条双夹线的红、黑测试夹分别与对应通道数字示波器测试线的探头和接地夹连接

图 3-38　信号发生器与数字示波器测试线的连接

设置信号发生器的双通道波形参数。例如，将通道 1 的波形设置为频率为 20kHz 的正弦波，将通道 2 的波形设置为频率为 10kHz 的方波，通过通道切换键，在两个通道之间进行切换编辑。

图 3-39 为信号发生器双通道波形参数的设定方法。

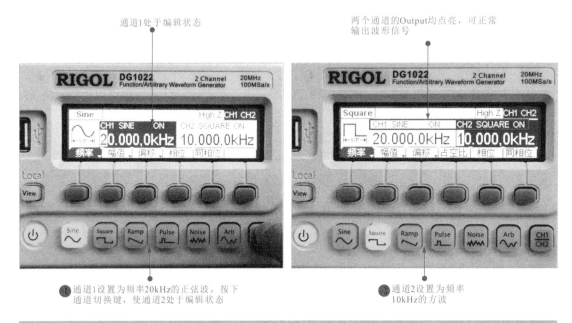

图 3-39   信号发生器双通道波形参数的设定方法

通过数字示波器的显示屏观察检测到的双通道波形如图 3-40 所示。

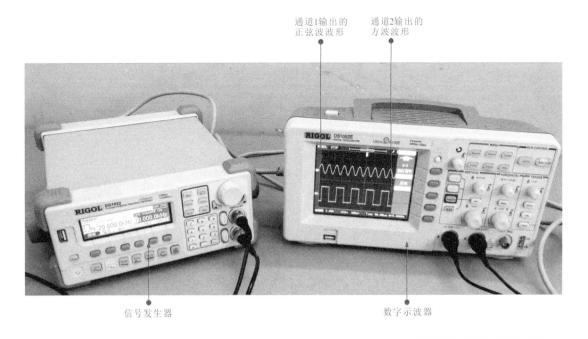

图 3-40   观察双通道波形

2 示波器探头的功能拓展

使用数字示波器的 F4 按键，可以对探头衰减倍数进行选择，有几种方式：1×、5×、10×、50×、100×…（不同品牌型号的数字示波器衰减倍数可能不同）。当选择 1× 时，探头也同样要选择 1× 方式，此时，测出的波形就是 1 : 1，如图 3-41 所示。

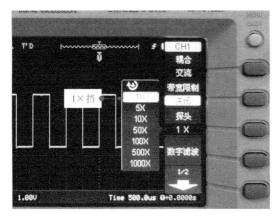
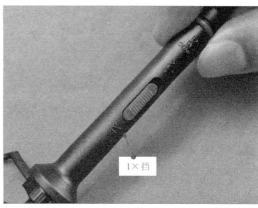

图 3-41　探头选择 1× 方式

再按下 F4 按键，选择 10× 方式时，探头也要选择 10× 方式，如图 3-42 所示，此时在读取数值时，波形进行了衰减，衰减 10 倍，比如输入示波器的信号幅度实际是 30V，而测量的结果只有 3V，此时就是衰减 10 倍。

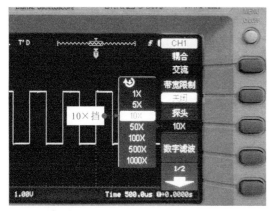
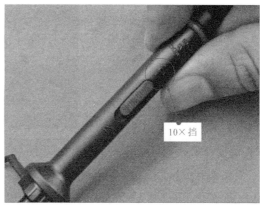

图 3-42　探头选择 10× 方式

再下 F4 按键，可选择 100× 或 1000×，探头的倍数选择也要相应的倍数，如图 3-43 所示为示波器中选择探头的方式。

> **提示说明**
>
> 示波器中选择探头方式为 100× 和 1000× 时，示波器所连接的探头要选择高压探头，即选择对应的 100× 和 1000×，测出的波形对应的衰减 100 和 1000 倍。

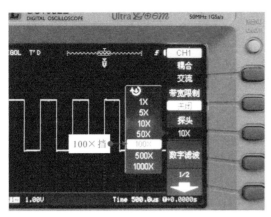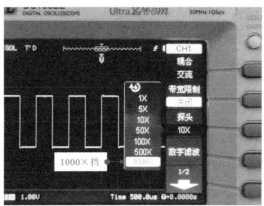

图 3-43　示波器中选择探头的方式

3　其他功能按键的功能拓展

数字示波器功能强大，不同按键具有相应的功能。下面以通道耦合功能和延迟扫描功能为例介绍。

（1）通道耦合功能的拓展。以 CH1 通道为例，被测信号是一含有直流偏置的正弦信号。

按【CH1】→ 耦合 → 交流，设置为交流耦合方式，被测信号含有的直流分量被阻隔，波形显示如图 3-44 所示。

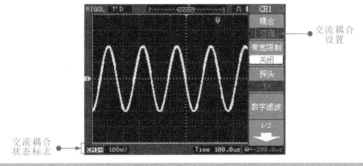

图 3-44　交流耦合方式

按【CH1】→ 耦合→ 直流，设置为直流耦合方式，被测信号含有的直流分量和交流分量都可以通过，波形显示如图 3-45 所示。

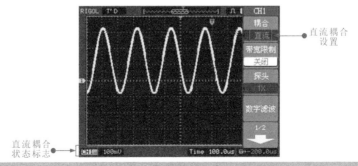

图 3-45　直流耦合方式

按【CH1】→耦合 → 接地 ，设置为接地方式，信号含有的直流分量和交流分量都被阻隔，波形显示如图 3-46 所示。

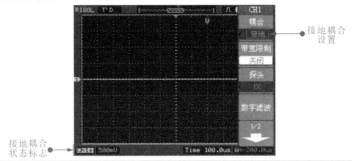

图 3-46　接地耦合方式

（2）延迟扫描功能的拓展。延迟扫描用来放大一段波形，以便查看图像细节。延迟扫描时基设定不能慢于主时基的设定。按水平系统的【MENU】→ 延迟扫描 ，如图 3-47 所示。

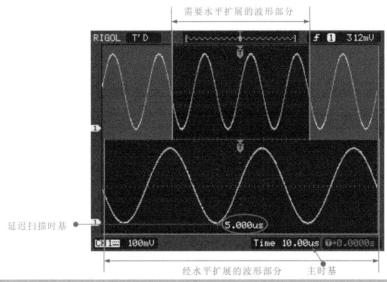

图 3-47　延迟扫描示意图

延迟扫描操作进行时，屏幕将分为上下两个显示区域，其中：上半部分显示的是原波形。未被半透明蓝色覆盖的区域是期望被水平扩展的波形部分。

此区域可以通过转动水平旋钮【POSITION】左右移动，或转动水平旋钮【SCALE】扩大和减小选择区域。

下半部分是选定的原波形区域经过水平扩展后的波形。值得注意的是，延迟时基相对于主时基提高了分辨率（如图 3-47 所示）。由于整个下半部分显示的波形对应于上半部分选定的区域，因此转动水平旋钮【SCALE】减小选择区域可以提高延迟时基，即可提高波形的水平扩展倍数。

另外，进入延迟扫描不但可以通过水平区域的【MENU】菜单操作，也可以直接按下此区域的水平旋钮【POSITION】作为延迟扫描快捷键，切换到延迟扫描状态。

第4章 示波器的选购与保养维护

4.1 示波器的选购

4.1.1 示波器的选购原则

自从示波器问世以来,它一直是最重要、最常用的电子测试工具之一;由于电子技术的发展,示波器的能力也在不断提升,其性能与价格各具特色,市场上的品种也多种多样,在购买示波器时应充分考虑这方面因素。

1 选择示波器应考虑的因素

要捕捉并观察信号的类型,信号本身有无复杂特性;需要检测的信号是重复信号还是单次信号,以及要测量的信号过渡过程、带宽或者上升时间是多大等项。

> **提示说明**
>
> 模拟示波器具有熟悉的面板控制键钮,价格低廉,使用方便。但是随着 A/D 转换器速度逐年提高和价格不断降低,以及数字示波器不断增加的测量能力与各种实用功能的开发,尤其是捕捉瞬时信号和记忆信号的功能的完善,使数字示波器越来越受欢迎。因此在选购时应因地制宜,合理地选择。

2 示波器的带宽

带宽一般定义为正弦输入信号幅度衰减到 −3 dB 时的频率宽度,即平均幅度的70.7%,如图 4-1 所示,带宽决定示波器对信号的基本测量能力。随着被测信号频率的增加,示波器对信号的准确显示能力将下降,如果没有足够的带宽,示波器将无法分辨高频分量的变化。幅度将出现失真,边缘会变得圆滑,细节参数将丢失。如果没有足够的带宽,就不能得到关于信号的所有特性及参数。

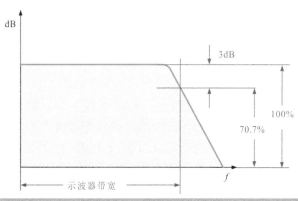

图 4-1 示波器带宽示意图

选择示波器时将要测量的信号最高频率分量乘以 5 作为示波器的带宽。这将会在测量中获得高于 2% 的精度。例如要测量电视机的色副载波，其频率为 4.43MHz，取 4.43MHz 的 5 倍约为 22MHz 的示波器能满足精确的测量要求。

在某些应用场合，不知道信号带宽，但要了解它的最快上升时间，大多数字示波器的频率响应，可用下面的公式来计算等效带宽和仪器的上升时间：$Bw = 0.35/$ 信号的最快上升时间。

带宽有两种类型：重复（或等效时间）带宽和实时（或单次）带宽。重复带宽只适用于重复的信号，显示来自于多次信号采集期间的采样。实时带宽是示波器的单次采样中所能捕捉的最高频率，且当捕捉的信号不是经常出现时要求相当苛刻。实时带宽与采样速率是密切相关的。

由于更宽的带宽往往意味着更高的价格，因此，应根据成本，投资和性能进行综合考虑。

3 采样速率是数字示波器的重要指标

采样速率即为每秒采样次数，指数字示波器对信号采样的频率。示波器的采样速率越快，所显示的波形的分辨率和清晰度就越高，重要信息和随机信号丢失的概率就越小。

如果需要观测较长时间范围内的慢变信号，则最小采样速率就变得较为重要。为了在显示的波形记录中保持固定的波形数，需要调整水平控制旋钮，而所显示的采样速率也将随着水平调节旋钮的调节而变化。

采样速率计算方法取决于所测量的波形的类型，以及示波器所采用的信号重现方式。

为了准确再现信号并避免混淆，奈奎斯特定理规定：信号的采样速率必须大于被测信号最高频率成分的两倍。然而，这个定理的前提是基于无限长时间和连续的信号。由于没有示波器可以提供无限时间的记录长度，而且，从定义上看，低频干扰是不连续的，所以采用两倍于最高频率成分的采样速率，对数字示波器来说通常是不够的。

实际上，信号的准确再现取决于其采样速率和信号采样点间隙所采用的插值法。一些示波器会为操作者提供以下选择：测量正弦信号的正弦插值法，以及测量矩形波、脉冲和其他信号类型的线性插值法。

有一个在比较取样速率和信号带宽时很有用的经验法则：如果示波器有内插（通过筛选以便在取样点间重新生成），则（取样速率 / 信号带宽）的比值至少应为 4∶1。无正弦内插时，则应采取 10∶1 的比值。

4 屏幕刷新率

所有的示波器都会闪烁。也就是说，示波器每秒钟以特定的次数捕获信号，在这些测量点之间将不再进行测量。这就是波形捕获速率，也称屏幕刷新率，表示为波形数每秒（wfms/s）。采样速率表示的是示波器在一个波形或周期内，采样输入信号的频率；波形捕获速率则是指示波器采集波形的速度。波形捕获速率取决于示波器的类型和性能级别，且有着很大的变化范围。高频波形捕获速率的示波器将会提供更多的重要信号特性，并能极大地增加示波器快速捕获瞬时的异常信息，如抖动、矮脉冲、低频干扰和瞬时误差的概率等。

数字存储示波器（DSO）使用串行处理结构每秒钟可以捕获 10 到 5000 个波形。DPO 数字荧光示波器采用并行处理结构，可以提供更高的波形捕获速率，有的高达每秒数百万个波形，大大提高了捕获间歇和难以捕捉信号的可能性，并能更快地发现瞬间出现的信号。

5 存储深度

存储深度是示波器所能存储的采样点多少的量度。如果需要不间断地捕捉一个脉冲串，则要求示波器有足够的存储空间以便捕捉整个过程中偶然出现的信号。将所要捕捉的时间长度除以精确重现信号所须的取样速度，可以计算出所要求的存储深度，也称记录长度。

在正确位置上捕捉信号的有效触发，通常可以减小示波器实际需要的存储量。

存储深度与取样速度密切相关。存储深度取决于要测量的总时间跨度和所要求的时间分辨率。

许多示波器允许用户选择记录长度，以便对一些操作中的细节进行优化。分析一个十分稳定的正弦信号，只需要 500 点的记录长度；但如果要解析一个复杂的数字数据流，则需要有一百万个点或更多点的记录长度。

6 触发及其信号

示波器的触发能使信号在正确的位置开始水平同步扫描，决定着信号波形的显示是否清晰。触发控制按钮可以稳定重复地显示波形并捕获单次波形。

大多数通用示波器的用户只采用边沿触发方式，特别是对新设计产品的故障查询。先进的触发方式可将所关心的信号分离出来，从而最有效地利用取样速度和存储深度。

现今有很多示波器，具有先进的触发能力：能根据由幅度定义的脉冲（如短脉冲），由时间限定的脉冲（脉冲宽度、窄脉冲、转换率、建立 / 保持时间）和由逻辑状态或图形描述的脉冲（逻辑触发）进行触发。扩展和常规的触发功能组合也帮助显示视频和其他难以捕捉的信号，如此先进的触发能力，在设置测试过程时提供了很大程度的灵活性，而且能大大地简化测量工作，给使用带来了很大的方便。

7 示波器的通道数

示波器的通道数取决于同时观测的信号数。在电子产品的开发和维修行业需要的是双通道示波器或称双踪示波器。如果要求观察多个模拟信号的相互关系，将需要一台 4 通道示波器。许多工作于模拟与数字两种信号系统的科研环境也考虑采用 4 通道示波器。还有一种较新的选择，即所谓混合信号示波器，它将逻辑分析仪的通道计数及触发能力与示波器的较高分辨率综合到具有时间相关显示的单一仪器之中。

对于观测复杂的信号，屏幕更新速率、波形捕获方式、和触发能力是需要考虑的。波形捕获模式有以下几种：采样模式、峰值检测模式、高分辨率模式、包络模式、平均值模式等。更新速率是示波器对信号和控制的变化反应速度的概念，而峰值检测有助于在较慢的信号中捕捉快速信号的峰值。

4.1.2 示波器选购注意事项

选购示波器时，要根据检测需要选购。一般的检测，单踪示波器即可，对于检测两个相关的信号时，需要使用双踪示波器。双踪示波器是具有两个独立的信号处理通道，可同时输入两个信号，因而可以将两个信号的相位、幅度、波形等参数进行比较和计量。此外，在检测同一信号的直流分量和交流分量时，借助于双踪示波器的两个通道，一个通道测直流分量，一个通道测交流分量，会十分方便。

在进行家用电器设备的电视机、影碟机、电磁炉等维修时，考虑到经济性通常选40MHz 双踪示波器可以满足维修要求，因为在维修工作中往往不需要精确的测量信号的各种参数，只需粗略的观测信号波形，估算频率和周期。此外，家电产品中很多的信号的频率特性都在示波器的测量范围之内，例如音频信号、视频信号、行同步、场同步、控制信号等都在示波器的测量范围之内，某些大于 40MHz 时钟信号也能测量。

经济条件好应选购 100MHz 的示波器，这样测量高频信号的精度更高。

选购二手示波器要注意它的可靠性，使用是否方便，各调节旋钮要牢靠最好是自己去挑选。

家电维修工作中的示波器最好要有选行（电视信号的行信号）和选场（场同步）功能，观测视频信号时易于同步，使观测的波形稳定。

4.2 示波器的保养维护

4.2.1 示波器的日常保养

对于各种类型的测量示波器，都需要很好地维护，确保仪器的正常功能特性和技术参数稳定。

关于电子示波器的维护，应做到如下几点：

◆ 使示波器在正常的、符合产品技术指标规定的环境条件下，室内无阳光或无强光直射，附近无强电磁场等环境中进行测试工作。

◆ 较长时间不使用时示波器应定期对示波器进行吹风除尘并通电几小时，进行检验性的调节和测试，在通电过程中，可达到驱除仪器内潮气、水分和保持仪器有良好的电气性能与绝缘强度的作用，并可以防止开关、按键锈蚀。

◆ 不要在打开机箱的情况下使用示波器，这样既不安全、又容易使仪器内的元器件、部件损坏，尤其是大多数以 CRT 为显示器的电子示波器。加速阳极电压都在千伏以上更应注意保管和安全操作。

◆ 在使用过程中，不要频繁开机与关机，并检查所用电源电压指标及使用的熔丝是否符合规定，防止仪器的电气损坏，其熔丝的规格如图 4-2 所示。

◆ 按检测规定，要进行定期的校准，确保示波器的性能稳定和测量的准确性。

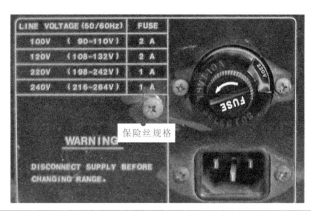

图 4-2　保险丝的规格

4.2.2　示波器的使用注意事项

示波器使用时应了解如下几方面的注意事项：

◆ 在使用示波器进行测试工作之前，必须阅读其技术说明书，以对所选用示波器的硬件、软件功能相特性参数有全面、准确的了解和掌握。

◆ 电源电压值应符合要求，接通电源后，要将示波器预热 10min 左右，使晶体管、集成电路、CRT 和其他电子元器件都接近或达到正常工作温度，再开始调节和定性观测波形。

◆ 辉度不可调得过强，电子束光点不能在一点停留过久，以防损坏荧光屏。对于LCD 显示屏并不存在这样的问题。但其正常工作时的电压、电流等技术指标也必须保护在正常的数值范围内。

◆ 如果暂时不用示波器时，可以将亮度旋钮调节在最小的位置，不必切断电源，因为这样做既不浪费时间，又不易损坏集成电路、晶体管及示波管或电子管等器件。由于电子示波器内有高压电路，如果在相隔较短的时间内被切断或开通电源，高压电路的储能元件电容、电感线圈来不及恢复与释放能量，很容易损坏示波器的元器件。

◆ 观察附加于直流上的交变信号或观测其合成信号波形与量值大小时，其混合电压的峰值不得大于通道输入电容器的耐压值，以防止电容器被击穿。

◆ 每种型号的示波器，都给出配用探极的输入阻抗和各通道的直接输入阻抗，测量时，要充分估计该输入阻抗的有限值对破测电路或系统的影响，并与对被观测信号产生的影响。

◆ 被测信号经通道放大器输入时，其放大器的一端是接地的，示波器通道电路采取单端输入、双端对称输出的电路结构。在测量时，也要充分考虑此接地对测量过程的影响。

◆ 若被观测的信号电压或电流的幅值、频率过低或过高。则示波器通道电路原来已有的内置放大器不能满足技术要求，可选择使用作为附件的插入单元。

◆ 示波器所处的自然环境和工作场所应该具有合适的温度、湿度，并且不受外界电磁场、相射与机械振动的干扰。否则，影响正常测试工作，甚至损坏示波器。◆ 维修电子示波器时，要特别注意安全，谨防触及高压造成人身伤害。

第5章　示波器在信号测量中的应用训练 ▶▶

5.1　示波器检测交流正弦信号

5.1.1　交流正弦信号的特点及相关电路

1　选择示波器应考虑的因素

交流正弦信号是按照正弦规律变化的信号。交流电就是一种典型的交流正弦信号。正弦交流信号的波形如图 5-1 所示。

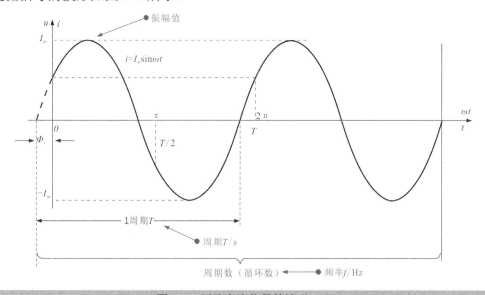

图 5-1　正弦交流信号的波形

在正弦交流信号中随时间按正弦规律做周期变化的量称为正弦量。正弦量的振幅值、瞬时值、频率（或角频率）、周期和相位称为正弦量的主要参数。

（1）振幅值正弦交流电瞬时值中最大的数值叫作最大值或振幅值。振幅值决定正弦量的大小。最大值通常用 U_m，I_m 表示。

（2）瞬时值通常用小写字母（如 u，i）表示，瞬时值的概念中含有大小和方向，而最大值只有大小之分，不含方向。值得注意的是，瞬时值是随时间 t 而周期性变化的（$i=I_m\sin\omega t$），而最大值却是一定的。

（3）周期正弦量变化一次所需的时间（秒），用"T"表示。

（4）频率正弦量在单位时间内变化的次数，用"f"表示，单位为赫兹，简称"赫"，用字母"Hz"表示。频率决定正弦量变化快慢。频率是周期的倒数，其关系为 $f=1/T$。

（5）角频率正弦量单位时间内变化的弧度数，用"ω"表示，单位是弧度 / 秒，用字母"rad/s"表示，角频率和频率的关系可用下面公式表示：$\omega=2\pi/T=2\pi f$。

（6）相位、初相位和相位差。相位是反映正弦量变化的进程。正弦量是随时间而变化的，要确定一个正弦量还必须从计时起点（$t=0$）上看。索取的时间起点不同，正弦量的初始值就不同，到达最大值或某一特定值所需的时间也就不同。

2 交流正弦信号的相关电路

（1）产生交流正弦信号的条件。交流正弦信号产生电路的功能就是使电路产生一定频率和幅度的正弦波，一般是在放大电路中引入正反馈，并创造条件，使其产生稳定可靠的振荡。

正弦波产生电路的基本结构是引入正反馈的反馈网络和放大电路。其中，形成正反馈是产生振荡的首要条件，它又被称为相位条件。产生振荡必须满足幅度条件，要保证输出波形为单一频率的正弦波，必须具有选频特性，同时它还应具有稳幅特性。因此，正弦波产生电路一般包括：放大电路、反馈网络、选频网络、稳幅电路四个部分。

（2）RC 正弦波振荡电路。按选频网络的元件类型分类，可以把正弦振荡电路分为：RC 正弦波振荡电路、LC 正弦波振荡电路、石英晶体正弦波振荡电路。

常见的 RC 正弦波振荡电路如图 5-2 所示。

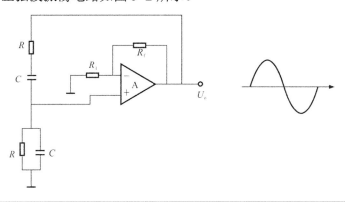

图 5-2　RC 正弦波振荡电路

该电路是 RC 串并联式正弦波振荡电路，它又被称为文氏桥正弦波振荡电路。串并联网络在此作为选频和反馈网络。

它的起振条件为：$R_f>2R_1$，它的振荡频率为：$f_0=\dfrac{1}{2\pi RC}$。由于 RC 正弦波振荡电路主要用于低频振荡，要想产生更高频率的正弦信号，一般采用 LC 正弦波振荡电路，振荡频率为：$f_0=\dfrac{1}{2\pi\sqrt{LC}}$，而石英振荡器的特点是其振荡频率特别稳定，它常用于振荡频率高度稳定的场合。

5.1.2 示波器检测交流正弦信号的方法

对于交流正弦信号，一般采用示波器进行测量，即将示波器测试探头测试电子产品中包含交流正弦信号的部位，即可将信号直观的显示在示波器显示屏上的方法。下面以信号发生器产生的交流正弦信号的检测操作为例，演示交流正弦信号的测量方法。

　　信号发生器一般可以产生频率和幅度可调的正弦波，将其输出端与示波器测试端相连接即可进行测试。典型信号发生器的实物外形如图 5-3 所示。

图 5-3　典型信号发生器的实物外形及正弦波输出功能区标识

　　检测前，根据信号发生器上的功能标识找到正弦波输出功能区。首先将信号发生器与示波器进行连接，然后分别打开信号发生器和示波器的电源开关，将示波器探头接信号发生器的信号输出端即可。图 5-4 为信号发生器与测试仪器（示波器）的连接。

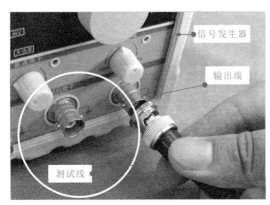

（a）分别连接信号发生器和示波器的测试线

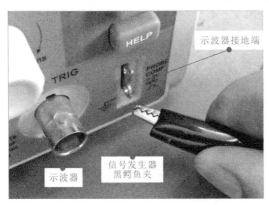
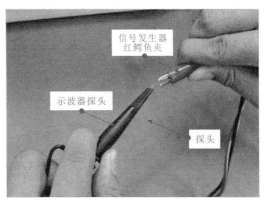

（b）将信号发生器测试线的测试线与示波器测试线连接

图 5-4　信号发生器与测试仪器（示波器）的连接（一）

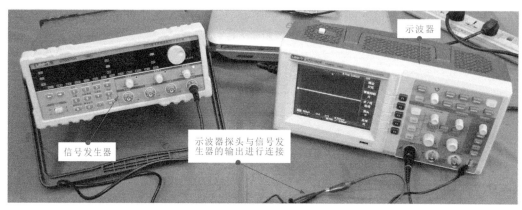

（c）连接完成后打开信号发生器及示波器的电源

图 5-4　信号发生器与测试仪器（示波器）的连接（二）

连接测试仪器后便可以进行测试操作了，首先调整信号发生器使其输出正弦波信号，也适当调整示波器功能旋钮使测试到的波形清晰的显示在示波器显示屏上，便于观察。图 5-5 为信号发生器产生的交流正弦信号的检测方法。

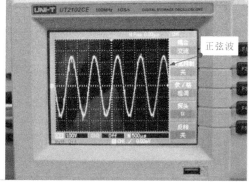

（a）设置信号发生器输出为交流正弦信号

（b）适当调整示波器幅度、周期旋钮使示波器显示屏波形显示清晰

图 5-5　信号发生器产生的交流正弦波信号的检测方法

测量时，示波器挡位调整设置不同，示波器显示屏显示的交流正弦信号波形也会有所区别。对测得交流正弦信号波形参数的识读如图 5-6 所示。

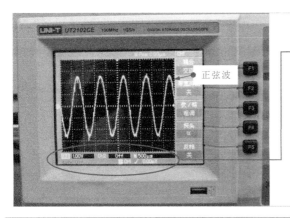

示波器显示该波形时显示数值："CH1:1.00V M:500μs"

由此，可以识读出该信号波形参数：

（1）"CH1:1.00V"标识示波器屏中每格为1V，由图可知，该波形上下幅度约为5格，表明其幅度为5V。

（2）"M:500μs"表示显示屏坐标网格一格的时间为500μs，由图可知，该波形一个周期为2格，表明其周期T为500μs×2=1000μs。

（3）根据频率与周期关系公式f=1/T可知，该波形的频率f=1/1000μs=1/0.001s=1000Hz=1kHz

图 5-6　交流正弦信号波形参数的识读

当交流正弦信号波形频率在不同的波段时，示波器上显示的正弦信号会随着频率不同而产生变化。图 5-7 为不同频率的交流正弦波形。

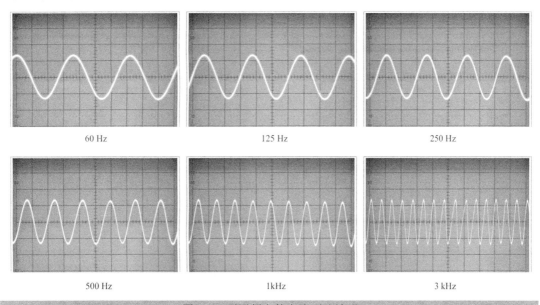

| 60 Hz | 125 Hz | 250 Hz |
| 500 Hz | 1kHz | 3 kHz |

图 5-7　不同频率的交流正弦波形

当幅度过大、过小或有其他因素影响时，会使正弦信号发生失真现象，在两图的对比中可以发现交流正弦信号顶部产生了失真现象，如图 5-8 所示。

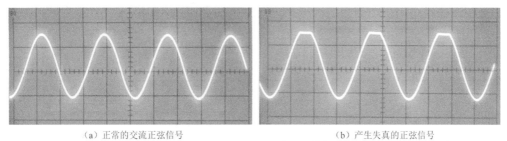

（a）正常的交流正弦信号　　　　　　　　（b）产生失真的正弦信号

图 5-8　交流正弦信号顶部产生的失真现象

提示说明

　　将数字示波器与信号发生器连接配合操作可检测各种信号波形，即切换信号发生器输出信号的模式，在数字示波器的显示屏上可实现不同信号波形的输出显示，如图 5-9 所示。

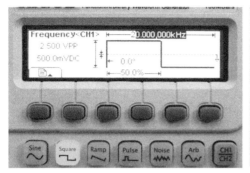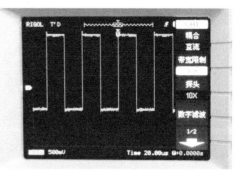

(a) 方波的参数设置和波形

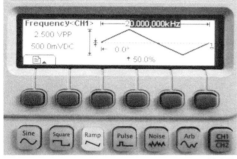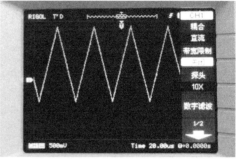

(b) 锯齿波的参数设置和波形

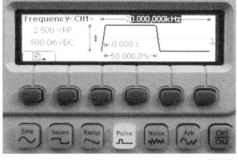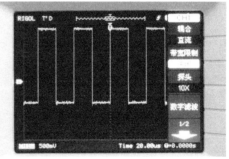

(c) 脉冲波的参数设置和波形

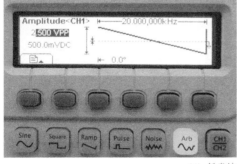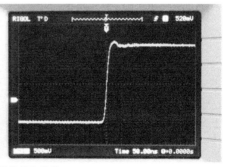

(d) 任意波的参数设置和波形

图 5-9　数字示波器与信号发生器配合可检测的不同信号波形

5.2　示波器检测音频信号

5.2.1　音频信号的特点及相关电路

音频信号是指带有语音、音乐和音效的信号。音频信号的频率和幅度与声音的音调和强弱相对应。声音的三个要素是音调、音强和音色。

在电子产品中音频信号分为两种：模拟音频信号和数字音频信号。

图 5-10 为电子产品中常见模拟音频信号和数字音频信号波形。

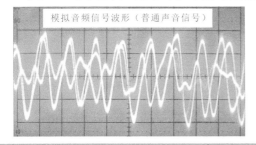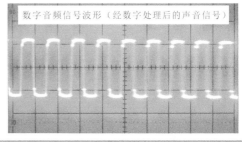

图 5-10　常见模拟音频信号和数字音频信号波形

音频信号的应用十分广泛，几乎所有能发声的设备，如电声、电视等影音类家电产品中都存在音频信号，其中主要相关的电路包括音频输入信号接口部分、音频信号切换电路、音频信号处理电路和音频信号功率放大器等。

图 5-11 为彩色电视中与音频信号相关的电路及对应的音频信号波形。

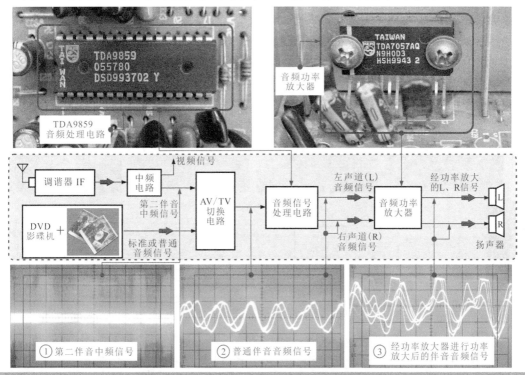

图 5-11　彩色电视中与音频信号相关的电路及对应的音频信号波形

如果当一个电声产品出现无声的故障时，通过检测与音频相关的电路模块中输入与输出的音频信号即可以判断电路故障的具体部位，因此了解音频信号的特点及检测方法对学习家电产品维修十分重要。

通过上面的介绍可知看到，普通声音的信号是根据声调的高低而随机变化，看起来是"杂乱无章"的信号波形，在学习家用电子产品检修时，常会用到专业的测试光盘，其中播放的为 1kHz 的标准音频信号（正弦信号），该类信号测试时，图 5-12 为 1kHz 标准正弦波音频信号波形。

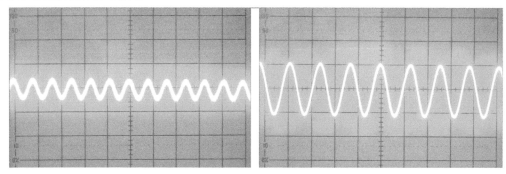

图 5-12　1kHz 标准正弦波音频信号波形

5.2.2　示波器检测音频信号的方法

音频信号的检测通常使用示波器进行。检测前应首先了解待测电子产品音频信号处理通道的关键器件，然后理清音频信号处理通道中相关电路的信号流程，接着用示波器顺着电路的信号流程逐级检测各器件音频信号输入和输出引脚的信号即可。

下面以检测液晶电视机中的音频信号为例，具体介绍其测量方法。

首先了解该待测液晶电视机中音频信号通道中的关键器件，然后理清该音频信号处理电路部分的信号流程。如图 5-13 所示。

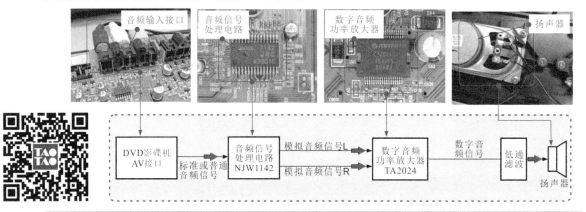

图 5-13　理清音频信号处理电路部分的流程

根据上述信号流程进行找到图 5-13 中接口、音频信号处理电路、数字音频功率放大器及扬声器的音频信号输入和输出引脚，用示波器进行测试，检测前首先将示波器接地夹接地，具体检测方法如图 5-14 所示。

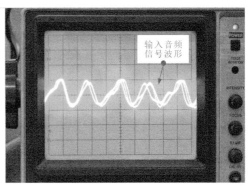

（a）检测AV接口处输入的音频信号

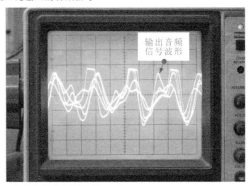

（b）检测音频信号处理电路输出的音频信号

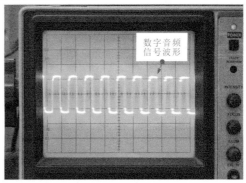

（c）检测经数字音频功率放大器输出的音频信号

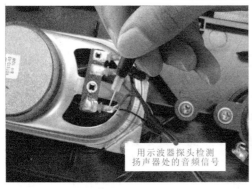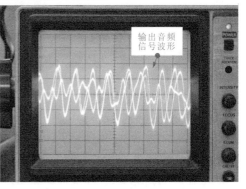

（d）检测扬声器输出的音频信号

图 5-14　用示波器检测液晶电视机中音频信号处理电路的基本方法

上述检测过程是根据信号流程逐级递进的，前级器件的输出与后一级器件的输入处信号应该是相同的，若经检测某一器件处的输入端信号正常，还需要借助万用表检测各个器件的电压条件是否正常，若条件也正常，而无输出信号时，表明该器件故障。由此也可以看到，掌握音频信号的检测方法对于学习电声类家用电子产品十分关键。

5.3　示波器检测视频信号

5.3.1　视频信号的特点及相关电路

视频信号是一种包含亮度和色度图像内容的信号，其中还包含行同步、场同步和色同步等辅助信号，这些信号都是对图像还原起着重要作用的信号。认识这些信号的特征对于检测电路和判别故障是非常重要的。

1　视频信号的基本特点

视频信号简单的说是一种显示图像中信息的一种信号波形，其具体波形形状随图像内容的不同而有所不同，例如，对于普通景物图像，视频信号波形随图像内容的变化而变化；对于标准的彩条图像信号或黑白阶梯图像来说，其输出信号波形基本保持不变。黑白阶梯图像及其相应信号波形如图 5-15 所示。

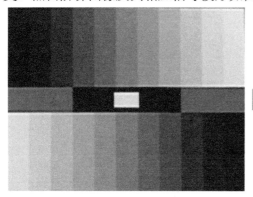

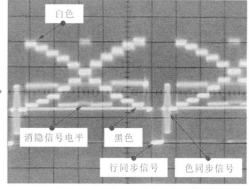

（a）黑白阶梯图像(标准测试卡)　　　　　　　　（b）为电视机输入黑白阶梯图像(标准测试卡)时，测得的视频信号波形

图 5-15　黑白阶梯图像及其相应信号波形

图 5-15（a）是一个黑白阶梯图像标准测试卡。在该图像中的上半段，右侧为白色，左侧为黑色，中间从白色到黑色的变换是的呈阶梯状逐级加深的。在图像的下半段，左侧为白色，右侧为黑色，由白色到黑色的过渡也是呈阶梯状过渡。图 5-15（b）是将该黑白阶梯图像送入显示器或电视机后测得的信号波形。

这个图像的波形内容为：最下面低的脉冲为行同步信号，旁边的一个为色同步信号，上面最高的一个电平是表示白色的图像部分，最低的表示黑色的图像，从白色到黑色的变换在信号表现上是呈阶梯状变化的。由于黑白阶梯图像是由上下两部分组成，上面部分从左向右是由黑色到白色的阶梯变化，下面部分与上面正好相反，其变化效果是从左向右由白色到黑色。所以在这个波形中呈现为两个阶梯的信号波形，即交叉的两条阶梯的信号波形。

通常，在图像信号中用电平的高低表示图像的明暗，图像越亮电平越高，图像越暗电平越低，白色物体的亮度电平最高，而黑色电平和消隐电平基本相等。

标准彩条图像及其相应信号波形见图 5-16。

图 5-16（a）为一个标准的彩条测试卡。从右到左颜色的变化依次为：白、黄、青、绿、品、红、蓝、黑。图 5-16（b）为将该标准的彩条图像送入显示器或电视机后测得的信号波形。

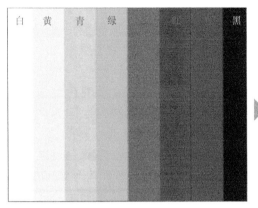

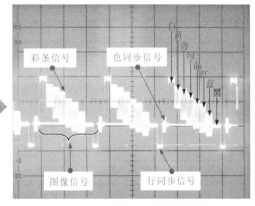

（a）标准彩条图像　　　　　　　　　　　（b）为电视机输入标准彩条图像
　　　　　　　　　　　　　　　　　　　　　　时，测得的视频信号波形

图 5-16　标准彩条图像及其相应信号波形

这个图像的波形内容为：从左侧的行同步到右侧最近的行同步为一行信号，头朝下的脉冲是行同步信号；在行同步信号右侧的一小段信号是色同步信号；两组同步信号之间的部分是图像信号，它与彩条测试卡的排列相对应，每一种颜色的彩条信号，里面是由 4.43 MHz 的色副载波的相位不同表示不同的颜色；彩条信号最左侧为白信号，白信号没有色副载波；彩条信号最右侧，是与消隐电平重合的黑信号。

普通景物图像及其相应信号波形如图 5-17 所示。

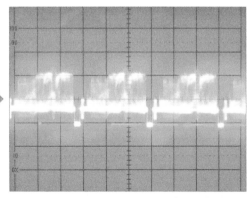

（a）普通景物图像　　　　　　　　　　　（b）为电视机输入普通景物图像时，
　　　　　　　　　　　　　　　　　　　　　　测得的视频信号波形

图 5-17　普通景物图像及其相应信号波形

当接收景物图像时，视频信号的波形随景物内容变化。图 5-17（a）是一个普通的景物图像。图 5-17（b）是将该景物图像送入显示器或电视机后测得的信号波形。

行同步信号是由摄像机在拍摄景物的时候由编码形成的信号，它在电视机或显示器中要对其进行解码，即先将其中的亮度信号和色度信号进行分离，然后对色度信号进行分解，将色度信号变成色差信号，最后形成控制显像管三个阴极的 RGB 信号，才能够在显像管上重现图像信号。

② 视频信号的相关电路及应用

视频信号的应用十分广泛，几乎所有能显示图像的电子产品，如电视机等影音产品中都存在视频信号，其中亮度信号和色度信号处理电路就是处理视频图像信号的电路，即对亮度信号和色度信号分别进行处理，把摄像机拍摄的图像还原出来，这是解码电路的任务。

亮度和色度信号处理电路又是处理视频信号的电路，因为它主要对色度信号进行解码，所以又称为视频解码电路，都是指的处理亮度和色度信号电路，因为亮度信号和色度信号合起来叫视频信号。可能在名称上有些不同但是实质上是一样的。

例如，欣赏电视节目时，就是电视机将接收的电台信号，还原为图像信号的过程，那么该过程中视频信号就始终贯穿在"处理"的过程中，如亮度、色度信号处理电路等。

图 5-18 为彩色电视中与视频信号相关的电路及对应的视频信号波形。

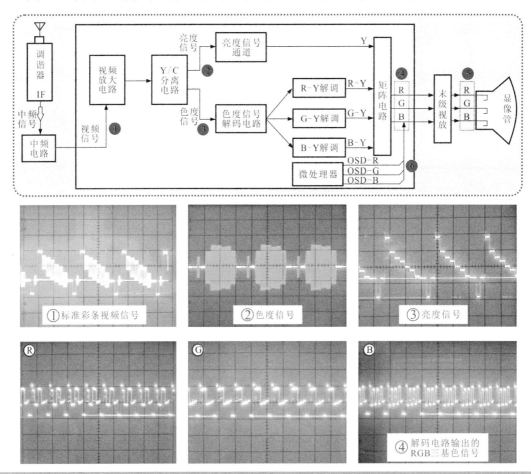

图 5-18　彩色电视中与视频信号相关的电路及对应的视频信号波形（一）

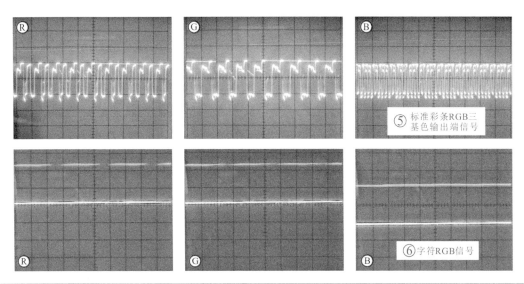

图 5-18　彩色电视中与视频信号相关的电路及对应的视频信号波形（二）

　　除上述电路及相关的视频信号外，很多数码影音产品中还包含有处理数字视频信号的电路，处理数字视频信号的电路及相关信号波形（液晶电视机）如图 5-19 所示。

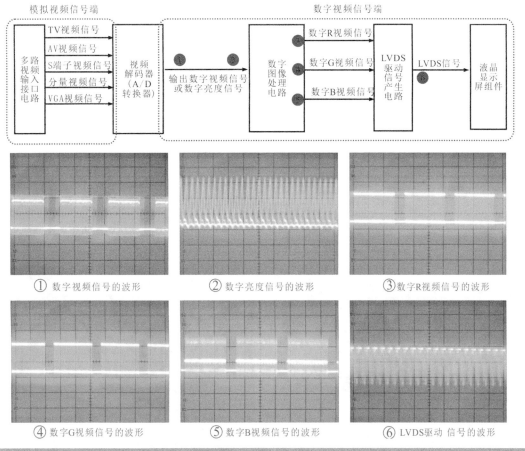

图 5-19　处理数字视频信号的电路及相关信号波形（液晶电视机）

5.3.2　视频信号的特点及相关电路

　　视频信号的测量方法与音频信号基本相同，一般也使用示波器进行检测。检测前应首先了解待测电子产品视频信号处理通道的关键器件，然后理清视频信号处理通道中，相关电路的信号流程，接着用示波器顺着电路的信号流程逐级检测各器件视频信号输入和输出引脚的信号即可。

　　下面以检测 DVD 机输出的视频信号为例，具体介绍其测量方法。

　　DVD 机是一种将光盘信号读取后进行处理，最后经 AV 接口将音视频信号输出的一种电子产品，图 5-20 为 DVD 机输出视频信号处理流程。

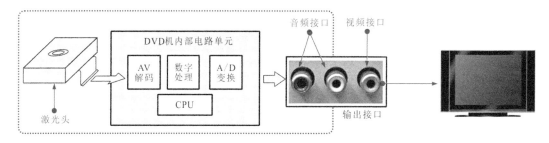

图 5-20　DVD 机输出视频信号处理流程

　　由图5-19可以看到，检测视频信号则可以在AV输出接口中的视频接口处进行检测。视频信号的测量方法如图 5-21 所示。

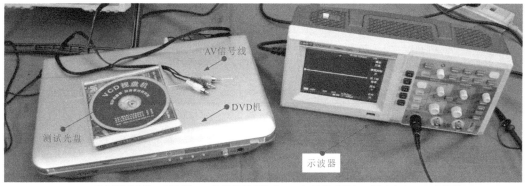

（a）准备测试仪器（示波器）、待测的视频输出DVD机及辅助设备（测试光盘、AV信号线）

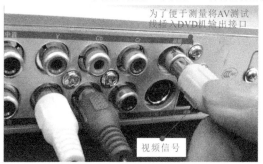

（b）使用AV测试线连接DVD机AV接口，并装入测试光盘

图 5-21　视频信号的测量方法（一）

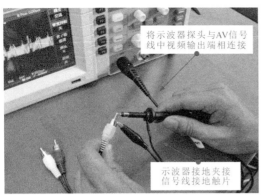
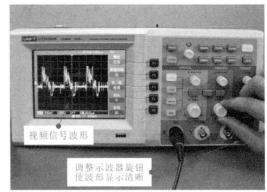

（c）用示波器检测AV信号线输出视频接口处的信号波形

图 5-21　视频信号的测量方法（二）

值得注意的是，当 DVD 机播放光盘内容为标准彩条图像时，测试其信号的波形如图 5-22 所示，若经检测该信号波形正常，则表明 DVD 输出正常。

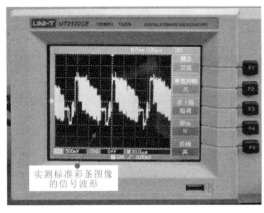
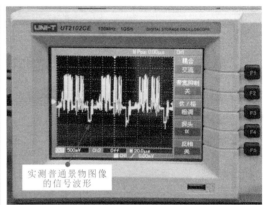

图 5-22　实测 DVD 机输出标准彩条图像的信号波形

那么，由此可知，通过检测相关电路和部件的视频信号即可以判断相应电路的工作状态。视频和音频信号是电声、电视类家电中的主要信号，掌握并灵活运用视频和音频信号的测量方法，对于学习和提高家电维修技能十分重要。

5.4　示波器检测脉冲信号

5.4.1　脉冲信号的特点及相关电路

1 脉冲信号的基本特点

脉冲信号是指一种持续时间极短的电压或电流波形。从广义上讲，凡不具有持续正弦形状的波形，几乎都可以称为脉冲信号。它可以是周期性的，也可以是非周期性的。几种常见的脉冲信号波形如图 5-23 所示。

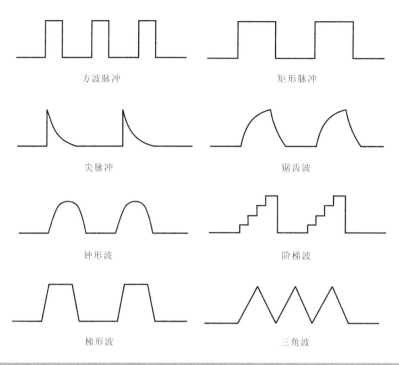

方波脉冲   矩形脉冲

尖脉冲   锯齿波

钟形波   阶梯波

梯形波   三角波

图 5-23   常见的脉冲信号波形

若按极性分，常把相对于零电平或某一基准电平，幅值为正时的脉冲称为正极性脉冲，反之称为负极性脉冲。

正负脉冲如图 5-24 所示。

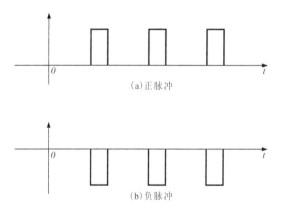

(a)正脉冲

(b)负脉冲

图 5-24   正与负脉冲波形

任何波形都可以用一些参数来描述它的特征，但由于脉冲波形多种多样，对不同的波形需定义不同的参数。下面以常见的矩形脉冲为例介绍它的几个主要参数。

理想的矩形脉冲如图 5-24（a）所示，它由低电平到高电平或从高电平到低电平，都是突然垂直变化的。但实际上，脉冲从一种电位状态过渡到另一种电位状态总是要经历一定时间，且与理想波形相比，波形也会发生一些畸变。

实际矩形脉冲波形如图 5-25 所示。

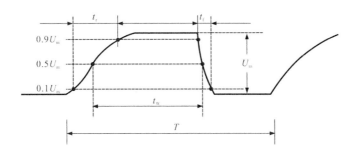

图 5-25 实际矩形脉冲波形

2 脉冲信号的相关电路及应用

（1）脉冲信号产生电路。脉冲信号产生电路是数字脉冲电路中的基本电路，它是指专门用来产生脉冲信号的电路。通常将能够产生脉冲信号的电路称为振荡器。常见的脉冲信号产生电路主要可分为晶体振荡器和多谐振荡器两种。

脉冲信号产生电路的基本工作流程如图 5-26 所示。

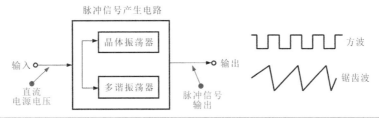

图 5-26 脉冲信号产生电路的基本工作流程

1）晶体振荡器。晶体振荡器是一种高精度和高稳定度的振荡器，被广泛应用于彩电、计算机、遥控器等各类振荡电路中，用于为数据处理设备产生时钟信号或基准信号。

晶体振荡器主要是由石英晶体和外围元件构成的谐振器件。石英是一种自然界中天然形成的结晶物质，具有一种称为压电效应的特性。晶体受到机械应力的作用会发生振动，由此产生电压信号的频率等于此机械振动的频率。当晶体两端施加交流电压时，它会在该输入电压频率的作用下振动。在晶体的自然谐振频率下，会产生最强烈的振动现象。晶体的自然谐振频率由其实体尺寸以及切割方式来决定。

一般来说，使用在电子电路中的晶体由架在两个电极之间的石英薄芯片以及用来密封晶体的保护外壳所构成。

晶体及晶体功能如图 5-27 所示。

图 5-27 晶体及晶体的功能

2）多谐振荡器。多谐振荡器是一种可自动产生一定频率和幅度的矩形波或方波的电路，其核心元件为对称的两只晶体管，或将两只晶体进行集成后的集成电路部分。

（2）脉冲信号整形和变换电路。晶体振荡器和多谐振荡器是数字电路中用于产生脉冲信号的电路，其产生的信号波形多为正负半轴对称的脉冲波形，而实际应用中有时可能只需用到其正半周波形，此时就需要用到脉冲整形电路和变换电路。

常见的脉冲信号整形和变换电路主要有：RC 微分电路（将矩形波转换为尖脉冲）、RC 积分电路、单稳态触发电路、双稳态触发电路等。这些电路有一个共同的特点：它们不能产生脉冲信号，只能将输入端的脉冲信号整形或变换为另一种脉冲信号。

由 RC 构成的微分和积分脉冲信号整形和变换电路，以及其输入和整形后输出的脉冲信号如图 5-28 所示。

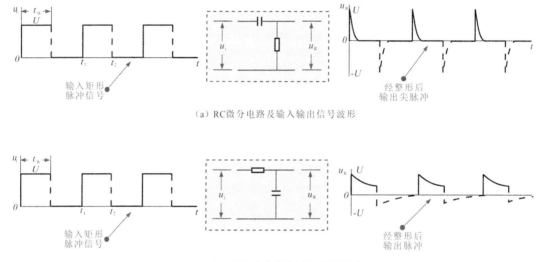

图 5-28　RC 微分电路和 RC 积分电路

（3）脉冲信号的实际应用。脉冲信号是电子产品中的重要信号，数字电路中的时钟信号、数据信号、控制信号、指令信号、地址信号、编码信号等都是由脉冲信号组成的。

家电产品中，常见的脉冲信号类型多种多样，如电视机行电路中的行 / 场同步脉冲信号、行场激励信号，电源电路中的开关振荡脉冲信号，系统控制电路中的数据总线和地址总线信号等。

几种常见脉冲信号的实物外形如图 5-29 所示。

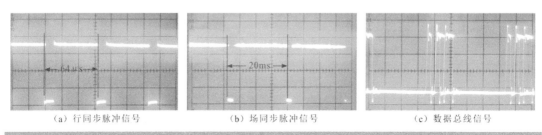

图 5-29　几种常见脉冲信号的实物外形（一）

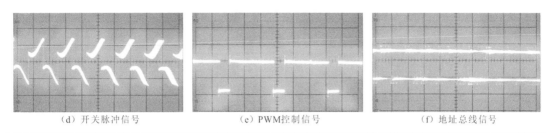

（d）开关脉冲信号　　　　　　（e）PWM控制信号　　　　　　（f）地址总线信号

图 5-29　几种常见脉冲信号的实物外形（二）

5.4.2　脉冲信号的测量

测量脉冲信号通常使用示波器进行检测，在检测前也应首先了解待测设备中脉冲信号的具体检测部位或检测点，然后用示波器探头搭在相关部件脉冲信号输出引脚上即可。下面以检测彩色电视机中的场扫描电路中的脉冲信号为例，具体介绍其测量方法。

彩色电视机场扫描电路中的脉冲信号是用于驱动场集成电路的信号，经场输出集成电路处理后由其输出端输出场锯齿波信号，最后去驱动场偏转线圈，图 5-30 为典型场脉冲信号处理过程。

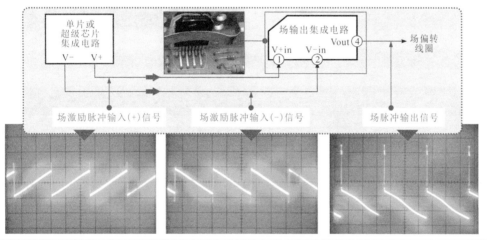

图 5-30　场脉冲信号处理过程

彩色电视场扫描电路中脉冲信号的测量方法如图 5-31 所示。

（a）准备测量用示波器，并将示波器接地夹接地

图 5-31　彩色电视场扫描电路中脉冲信号的测量方法（一）

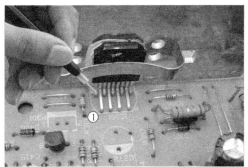
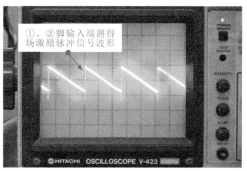

（b）检测场输出集成电路输入端激励脉冲信号

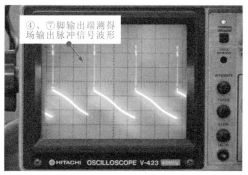

（c）检测场输出集成电路输出端脉冲信号

图 5-31　彩色电视场扫描电路中脉冲信号的测量方法（二）

5.5　数字信号的特点与测量

5.5.1 | 数字信号的特点及相关电路

模拟信号和数字信号的波形有很大的区别，如图 5-32 所示。

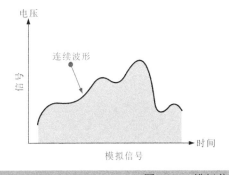
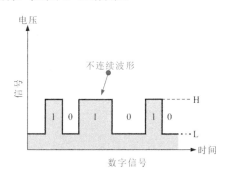

图 5-32　模拟信号和数字信号的波形

数字信号大都是由"0"和"1"组成的二进制信号，在数字电路中"0"和"1"往往是由电压的"低"和"高"来表示的（也可以用电流的有无或其他的电量来表示），要表示很多的数字信号，即很多的低电平和高电平组合的信号就是脉冲信号。因而数字信号是由脉冲信号来表现的，处理数字信号的电路就是处理脉冲信号的电路，但脉冲信号并不一定就是数字信号，这个关系要清楚。

　　数字信号的特点是代表信息的物理量以一系列数据组的形式来表示，它在时间轴上是不连续的。以一定的时间间隔对模拟信号取样，再将样值用数字组来表示。可见数字信号在时间轴上是离散的，表示幅度值的数字量也是离散的，因为幅度值是由有限个状态数来表示的。

　　目前在数字电视、数码音响、影碟机和数码外设等产品中都实现了数字化，与此同时也开发了各种数字信号处理集成电路，将处理数字信号的电路称为数字电路，如常见的 D/A 变换电路等。

　　数码影碟机中的数字信号如图 5-33 所示。

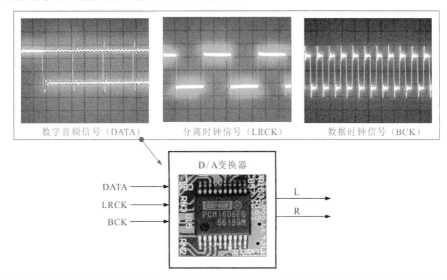

图 5-33　数码影碟机中的数字信号

5.5.2　数字信号的测量

　　数字信号是由脉冲信号组成的，测量数字信号实际也就是测量脉冲信号的过程。下面以测量数码影碟机中 D/A 变换电路中的数字信号为例，具体介绍其测量方法。

　　数字信号的测量方法如图 5-34 所示。

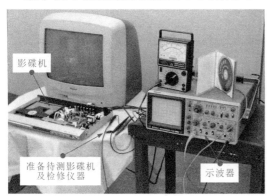
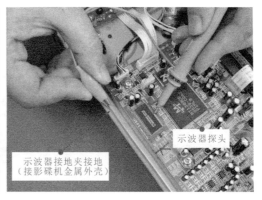

（a）准备测量用示波器，并将示波器接地夹接地

图 5-34　数码影碟机中数字信号的测量方法（一）

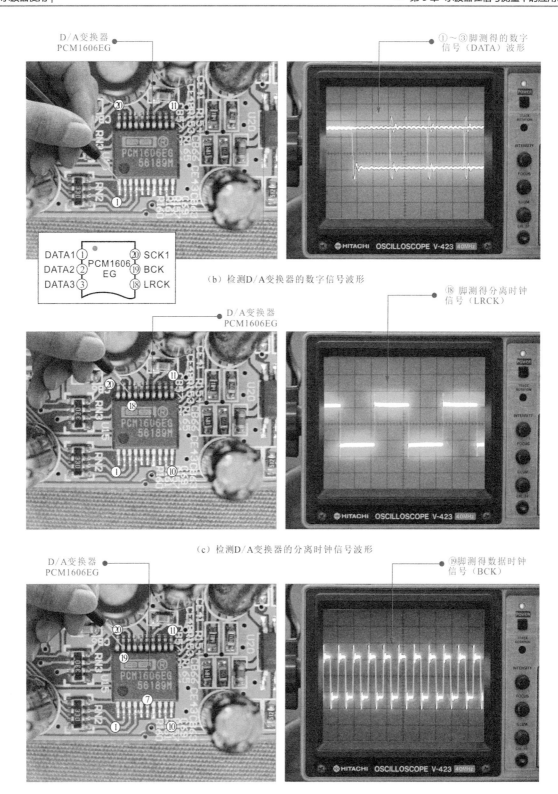

DATA1 ① PCM1606 ⑳ SCK1
DATA2 ② EG ⑲ BCK
DATA3 ③ ⑱ LRCK

(b) 检测D/A变换器的数字信号波形

(c) 检测D/A变换器的分离时钟信号波形

(d) 检测D/A变换器的数据时钟信号波形

图 5-34　数码影碟机中数字信号的测量方法（二）

第6章 示波器应用实例

6.1 示波器在影碟机维修中的应用训练

6.1.1 影碟机的结构和功能特点

影碟机主要是采用激光方式播放多媒体光盘（CD/VCD/DVD 等）的设备，不同品牌的影碟机结构各不相同。

影碟机由激光头读取的光盘信息会送入数字信号处理电路板中，在数字板中分别对数据信息和伺服误差信息进行处理，数据信号经 AV 解码后形成视频数字信号和音频数字信号，数字视频信号再经编码和 D/A 转换变成模拟信号输出，数字音频信号经 D/A 转换器变成多声道环绕立体声信号。伺服误差信号经数字处理后变成驱动聚焦线圈、循迹线圈、主轴电动机和进给电动机的驱动信号。微处理器（CPU）是整个 DVD 机的控制中心，加载电动机是由 CPU 驱动的，图 6-1 为万利达 DVP—801 型 DVD 机的整机框图。

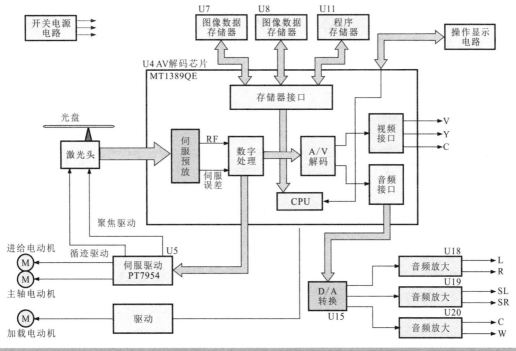

图 6-1 万利达 DVP—801 型 DVD 机的整机电路框图

图 6-2 为典型 DVD 机的整机结构图，从图中可以看出，该 DVD 机主要是由机壳、机芯、操作显示电路板、电源供电电路板、数字信号处理电路板、卡拉 OK 电路板等部分构成的。

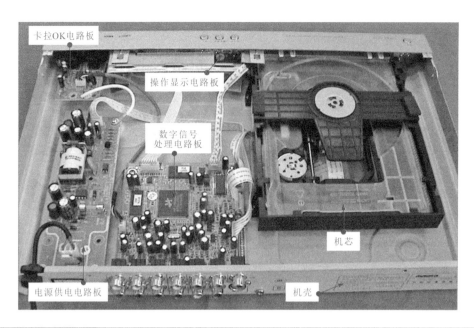

图 6-2　典型 DVD 机的整机结构图

6.1.2　示波器检测影碟机开关电源电路的方法

　　开关电源电路的主要功能是为其他电路提供工作电压。图 6-3 为开关电源电路的功能框图以及主要的信号波形。

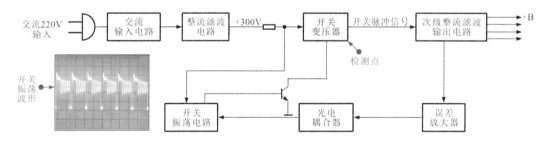

图 6-3　开关电源电路的功能框图

> **提示说明**
>
> 　　交流 220V 输入电压经交流输入电路、整流滤波电路后，变成 +300V 直流电压分两路，一路加到开关变压器，另一路加到开关振荡电路。开关振荡电路工作后输出开关脉冲经开关晶体放大后去驱动开关变压器，使开关变压器初级绕组中形成开关电流，经变压后开关变压器次级输出多路开关脉冲信号，该信号经整流，滤波和稳压后输出多组直流低压为其他单元电路提供工作电压。

　　开关电源电路部分中振荡电路通常带交流 220V 高压，检测其电路必须使用隔离变压器。如采用感应法不用接触电路接点就能测出振荡信号的波形，既简单又安全。正常的情况下，若影碟机能够正常的工作时，将示波器的接地夹接地，使用示波器的探头靠近开关变压器时，在示波器的屏幕上应显示出脉冲信号的波形，如图 6-4 所示。

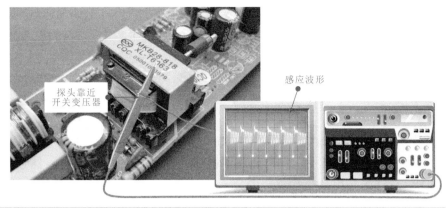

图 6-4　开关变压器感应的脉冲信号波形

若可以感应到脉冲信号波形，则说明开关变压器及前级的振荡电路是正常的；若感应不到脉冲信号波形，则说明开关变压器本身或前级电路有故障。

6.1.3　示波器检测影碟机 AV 解码和存储器电路的方法

AV 解码电路主要是将激光头输出的 RF 信号经解压缩处理后输出亮度、色度、复合视频等信号。存储器接在 AV 解码电路的接口端为 AV 解码电路暂存数据信号，配合完成音视频信号的解码处理，存储器与 AV 解码电路进行数据和地址信号的传输。

存储器电路主要用于存储数据信息，一般主要是由图像数据存储器和程序存储器构成的，通过地址总线和数据总线与 AV 解码芯片进行数据信号的读取和存储操作，如图 6-5 所示。表 6-1 所列为 AV 解码电路和存储器电路主要检测点的信号波形。

> **提示说明**
>
> 从图 6-5 可以看到，激光头组件送来的信号加到 AV 解码电路中，该信号经 AV 解码电路处理后输出视频信号送到 S 端子、视频输出接口和分量视频接口中，AV 解码电路和存储器之间在控制信号的作用下进行地址信号以及数据信号的传输，实现信息的存储与传输。

1　AV 解码电路部分信号的检测

检测影碟机的 AV 解码电路时，需将影碟机处于工作状态，然后检测 AV 解码芯片中各引脚的信号波形是否正常，下面以万利达 DVP—801 型 DVD 机的 AV 解码电路为例，介绍该电路部分信号波形的检测方法，如图 6-6 所示。

由图可知，AV 解码芯片的 193 脚和 194 脚为晶振信号端，161 脚为 BCK 时钟信号端，163 脚为 LR 时钟信号端，31 脚、32 脚、37 脚、38 脚、41 脚和 42 脚为伺服驱动信号端，164 脚、165 脚和 166 脚为数字音频信号端，182 脚为复合视频信号端，181 脚为色度信号端，179 脚为亮度信号端。

（1）晶振信号波形可使用示波器进行检测。首先将示波器的接地夹接地，探头分别搭在 193 脚和 194 脚上，观察示波器的显示屏，如图 6-7 所示。

（2）检测 AV 解码芯片 MT1389QE 的 161 脚输出的 BCK 时钟信号波形。接地夹接地，探头搭在 161 脚，观察示波器的显示屏，如图 6-8 所示。

（3）检测 AV 解码芯片 MT1389QE 的 163 脚输出的 LR 时钟信号波形。接地夹接地，探头搭在芯片的 163 脚，观察示波器的显示屏，如图 6-9 所示。

（4）检测 MT1389QE 的 31 脚、32 脚、37 脚、38 脚、41 脚和 42 脚处的伺服驱动信号波形。以 38 脚为例，正常播放光盘的情况下，在 38 脚处可以测得伺服信号的波形，如图 6-10 所示。

（5）数字音频信号是由芯片 MT1389QE 的 164 脚、165 脚和 166 脚输出的，用示波器探头接触这三个引脚时可以测得相应的数字音频信号波形，如图 6-11 所示。

（6）将 DVD 机与电视机相连，并放入标准测试盘，使 DVD 机播放标准测试盘的标准彩条信号，该部分的伴音为 1kHz 的音频信号。首先检测 MT1389QE 的 179 脚处输出的亮度信号，将示波器的接地夹接地，用探头搭在该引脚上，正常情况下应可以检测到亮度信号的波形，如图 6-12 所示。

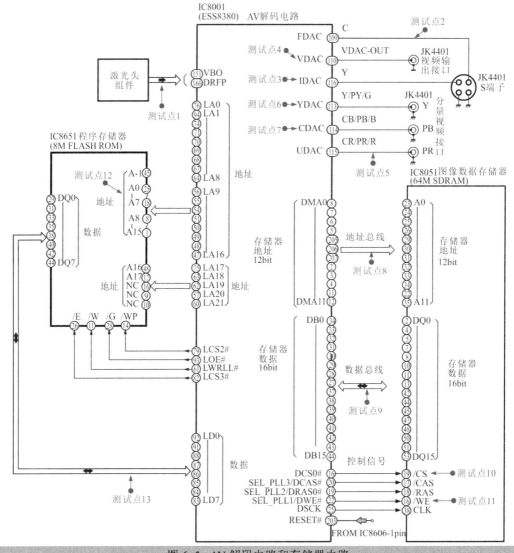

图 6-5　AV 解码电路和存储器电路

表 6-1　AV 解码电路和存储器电路主要检测点的信号波形

检测点	信号波形	检测点	信号波形
测试点1：AV解码芯片接收的RF信号		测试点2：AV解码芯片输出的色度信号	
测试点3：AV解码芯片输出的亮度信号		测试点4：AV解码芯片输出的复合视频信号	
测试点5：AV解码芯片输出的R信号		测试点6：AV解码芯片输出的G信号	
测试点7：AV解码芯片输出的B信号		测试点8：图像数据存储器的地址总线信号	
测试点9：图像数据存储器的数据总线信号		测试点10：图像数据存储器的片选信号	
测试点11：图像数据存储器的写入控制信号		测试点12：程序存储器的地址总线信号	
测试点13：程序存储器的数据总线信号			

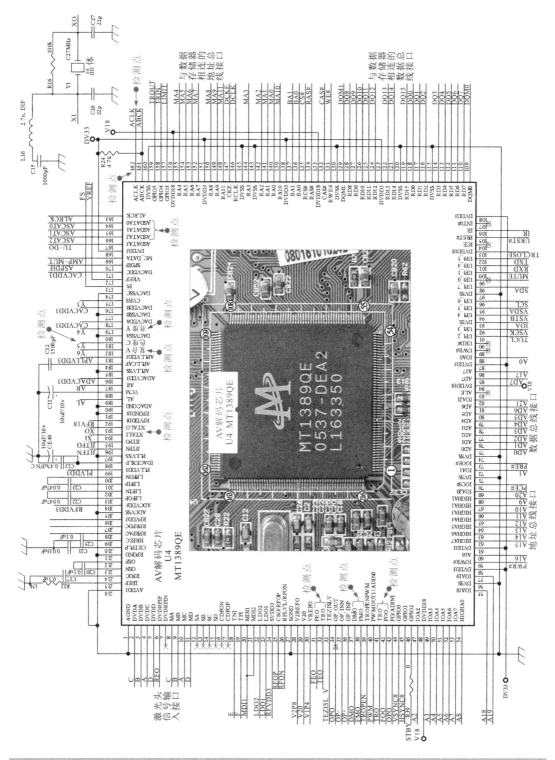

图6-6　万利达DVP—801型DVD机的AV解码电路

　　此外，MT1389QE的181脚和182脚分别为色度信号和复合视频信号输出端，在这两个引脚上可以检测到色度和复合视频信号的波形，如图6-13所示。

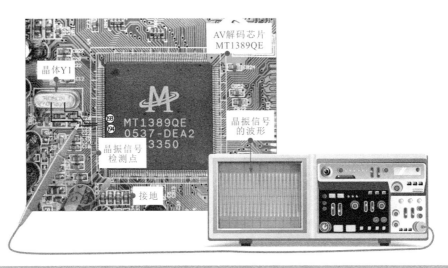

图 6-7　晶振信号波形的检测方法

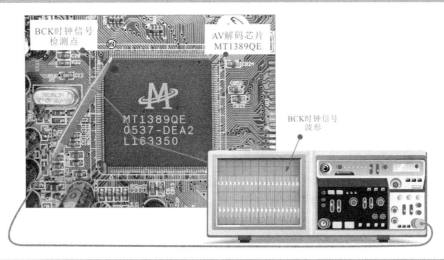

图 6-8　BCK 时钟信号的检测方法

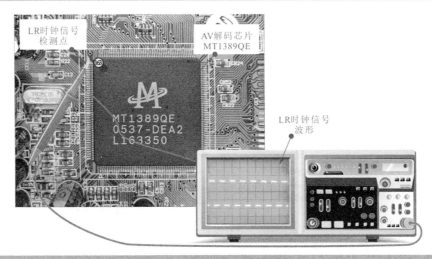

图 6-9　LR 时钟信号的检测方法

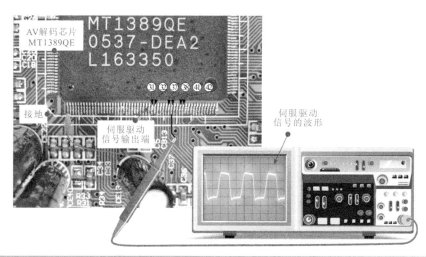

图 6-10　伺服驱动信号的检测方法

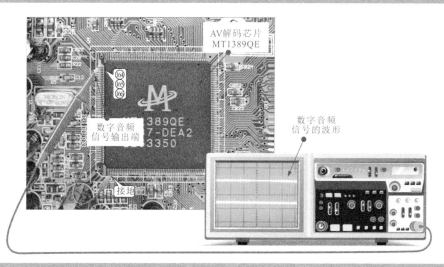

图 6-11　数字音频信号的检测方法

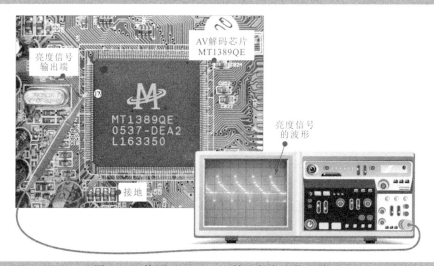

图 6-12　检测 MT1389QE 输出的亮度信号波形

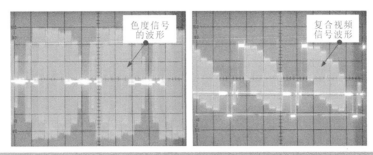

图 6-13　色度信号和复合视频信号输出波形

2　存储器电路部分信号的检测

影碟机的存储器电路主要分为图像数据存储器和程序数据存储器。下面以典型 DVD 机的存储器电路为例，介绍该电路部分信号波形的检测方法，如图 6-14 所示。

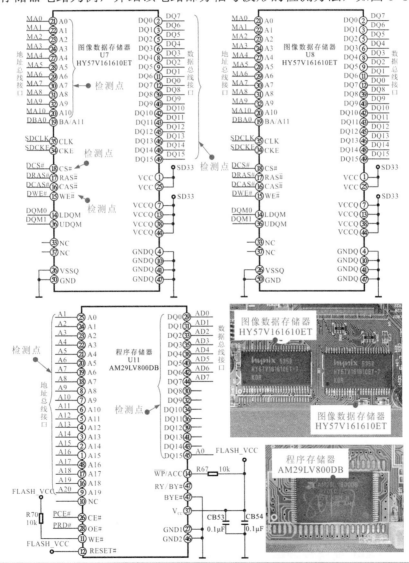

图 6-14　万利达 DVP—801 型 DVD 机的存储器电路

　　HY57V161610ET 的 A0 ～ A11 端为地址总线接口，正常情况下，用示波器接触这些引脚时可以测得地址信号的波形，如图 6-15 所示。

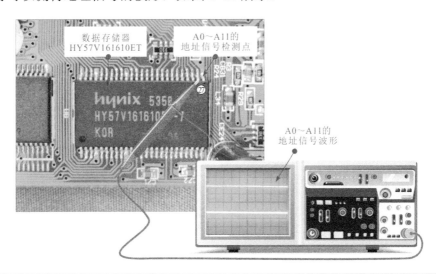

图 6-15　HY57V161610ET 地址信号波形的检测

　　HY57V161610ET 的 DQ0 ～ DQ15 端为数据总线接口，正常情况下，用示波器接触这些引脚时可以测得数据信号的波形，如图 6-16 所示。

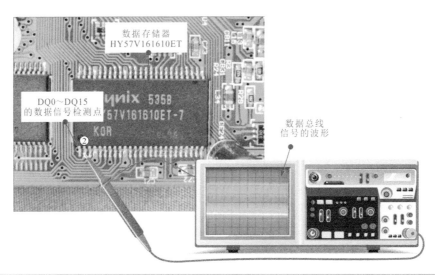

图 6-16　HY57V161610ET 数据信号波形的检测

　　此外，HY57V161610ET 的 18 脚处为片选信号端，15 脚处为写入控制信号端，用示波器可以检测到这两个信号的波形，如图 6-17 所示。

　　AM29LV800DB 的 A0 ～ A19 端为地址总线接口，正常情况下，用示波器接触这些引脚时可以测得地址信号的波形，如图 6-18 所示。

　　AM29LV800DB 的 DQ0 ～ DQ15 端为数据总线接口，正常情况下，用示波器接触这些引脚时可以测得数据信号的波形，如图 6-19 所示。

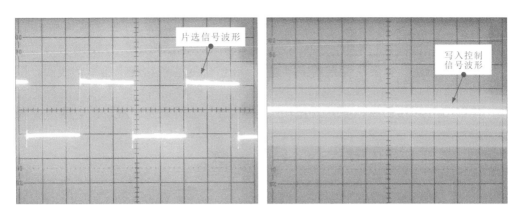

图 6-17　片选信号波形和写入控制信号波形

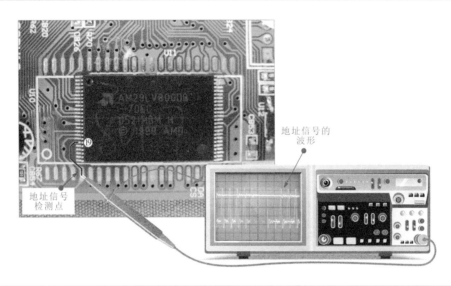

图 6-18　AM29LV800DB 地址总线信号的检测

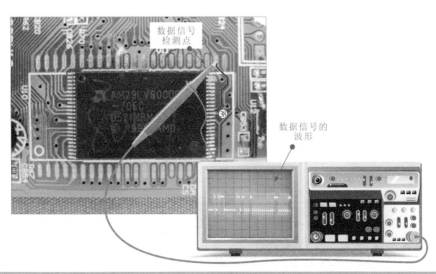

图 6-19　AM29LV800DB 数据总线信号的检测

6.1.4　示波器检测影碟机伺服驱动电路的方法

伺服驱动电路的主要功能是用来放大 DVD 信号处理芯片送来的聚焦线圈、循迹线圈、进给电动机和主轴电动机的伺服驱动信号，确保激光头能够正常地跟踪光盘的信息纹，图 6-20 为伺服驱动电路的功能方框图，表 6-2 所列为伺服驱动电路主要检测点的信号波形。

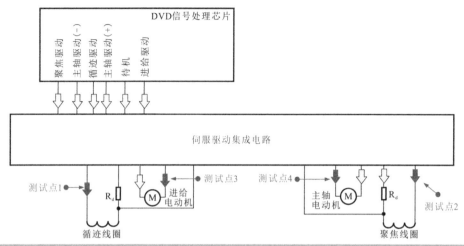

图 6-20　伺服驱动电路的功能方框图

提示说明

由图 6-20 可知，DVD 信号处理芯片输出的聚焦驱动信号、主轴驱动信号、循迹驱动信号、待机信号、进给驱动信号送到伺服驱动集成电路中，这些信号经伺服驱动集成电路处理后，驱动聚焦线圈、主轴电机、进给电动机和循迹线圈。

表 6-2　伺服驱动电路主要检测点的信号波形

检测点	信号波形	检测点	信号波形
测试点1：伺服驱动集成电路输出的循迹线圈驱动信号		测试点2：伺服驱动集成电路输出的聚焦线圈驱动信号	
测试点3：伺服驱动集成电路输出的进给电动机驱动信号		测试点4：伺服驱动集成电路输出的主轴电动机驱动信号	

影碟机的伺服驱动电路主要是由伺服驱动集成电路以及外围元器件等构成的，主要输出聚焦线圈驱动信号、循迹线圈驱动信号、主轴电动机驱动信号和进给电动机驱动信号，以典型 DVD 机的伺服驱动电路为例，介绍该电路信号波形的检测方法，如图 6-21 所示。

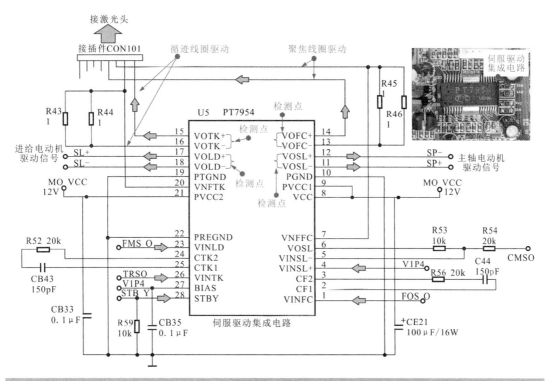

图 6-21　典型 DVD 机的伺服驱动电路

（1）伺服驱动集成电路PT7954的13脚和14脚为聚焦线圈驱动信号输出端。将示波器接地夹接地，探头接触分别搭在13脚和14脚上，观察示波器的屏幕，如图6-22所示。

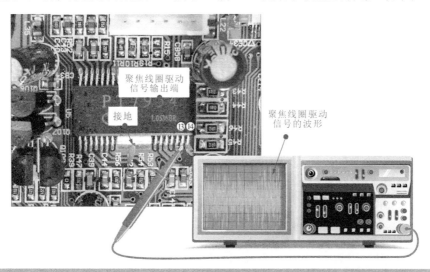

图 6-22　聚焦线圈驱动信号的检测方法

（2）PT7954 的 15 脚和 16 脚为循迹线圈驱动信号输出端，用示波器可以测得循迹线圈驱动信号波形，其具体检测方法和波形如图 6-23 所示。

（3）PT7954 的 11 脚和 12 脚为主轴电动机驱动信号端。将示波器接地夹接地，探头接触这两个引脚时，便可以检测到主轴电动机驱动信号波形，如图 6-24 所示。

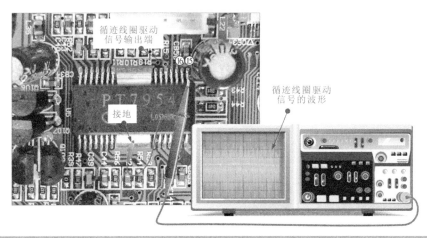

图 6-23　循迹线圈驱动信号的检测方法

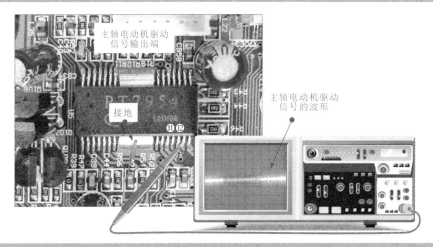

图 6-24　主轴电动机驱动信号的检测方法

（4）PT7954 的 17 脚和 18 脚为进给电动机驱动信号输出端，用示波器的探头搭在这两个引脚上，正常情况下应可以测得进给电动机驱动信号波形，如图 6-25 所示。

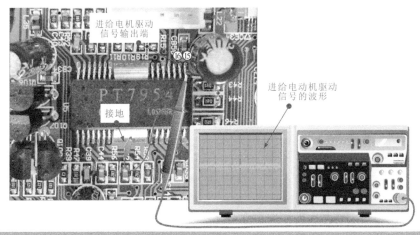

图 6-25　进给电动机驱动信号的检测方法

6.1.5   示波器检测影碟机 D/A 转换电路的方法

D/A 转换电路是将送来的数字音频信号和时钟信号进行处理后，输出模拟信号送到音频输出放大电路中，图 6-26 为 D/A 转换电路的方框图，表 6-3 所列为 D/A 转换电路主要检测点的信号波形。

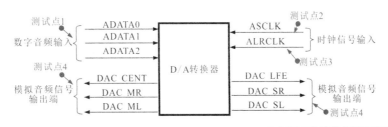

图 6-26   D/A 转换电路的方框图

> **提示说明**
>
> 由图 6-27 可知，D/A 转换器是 D/A 转换电路的核心器件，数字音频信号和时钟信号送到 D/A 转换器中处理后输出模拟音频信号。

表 6-3   D/A 转换电路主要检测点的信号波形

检测点	信号波形	检测点	信号波形
测试点1： D/A转换器接收的 数字音频信号		测试点2： D/A转换器接收的 BCK时钟信号	
测试点3： D/A转换器接收的 LR分离时钟信号		测试点4： D/A转换器输出的 模拟音频信号	

影碟机的 D/A 转换电路主要是由 D/A 转换器以及外围元器件等构成的，主要接收数字音频信号和时钟信号，该信号经 D/A 转换器处理后，输出模拟音频信号，下面以万利达 DVP—801 型 DVD 机的 D/A 转换电路为例，介绍该电路部分信号波形的检测方法，如图 6-27 所示。

由图可知，D/A 转换器的 1 ～ 3 脚为数字音频信号输入端，19 脚为 BCK 时钟信号输入端、18 脚为 LR 时钟信号输入端、8 ～ 13 脚为模拟音频信号输出端。

（1）数字音频信号波形可使用示波器进行检测。首先将示波器的接地夹接地，将探头搭在数字音频信号输入端的 1 ～ 3 脚上（以 1 脚为例），如图 6-28 所示。

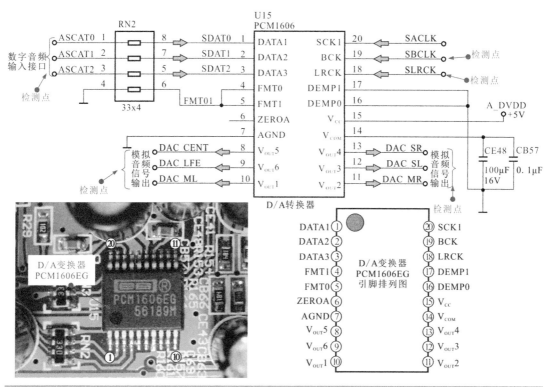

图 6-27　万利达 DVP—801 型 DVD 机的 D/A 转换电路

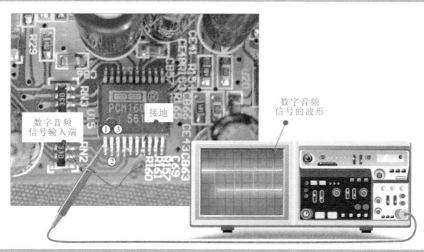

图 6-28　数字音频信号波形的检测方法

（2）使用示波器检测 D/A 转换器 19 脚处 BCK 时钟信号波形。检测时，接地夹接地，探头搭在 19 脚上，观察示波器的显示屏，如图 6-29 所示。

（3）使用示波器检测 D/A 转换器 18 脚处 LR 时钟信号波形。检测时，接地夹接地，探头搭在 18 脚上，观察示波器的显示屏，如图 6-30 所示。

（4）使用示波器检测 D/A 转换器的 8 ～ 13 脚处模拟音频信号波形。检测时，将示波器的接地夹接地，探头搭在这些引脚上，以 13 脚为例，观察示波器的显示屏，如图 6-31 所示。

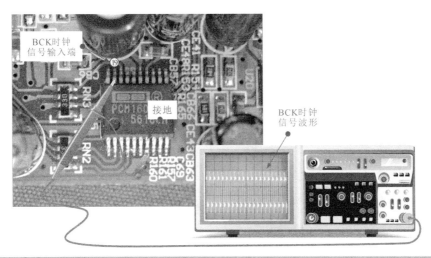

图 6-29 BCK 时钟信号波形的检测方法

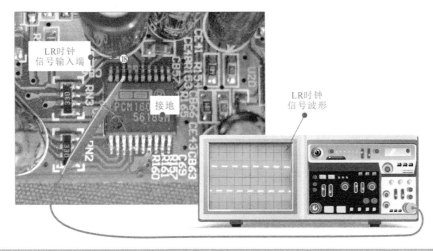

图 6-30 LR 时钟信号波形的检测方法

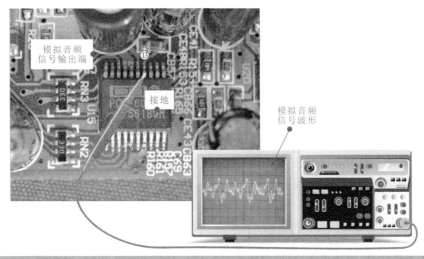

图 6-31 模拟音频信号波形的检测方法

6.1.6　示波器检测影碟机音频输出放大电路的方法

音频输出放大电路主要是由运算放大器和外围元器件构成的，主要是用来将 D/A 转换电路送来的模拟音频信号，进行放大后输出并送到接口电路，如图 6-32 所示，见表 6-4 所列为音频输出放大电路主要检测点的信号波形。

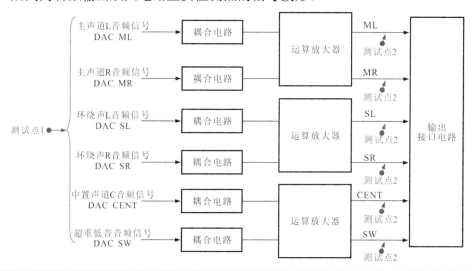

图 6-32　音频输出放大电路的方框图

提示说明

由图 6-32 可知，6 路音频信号分接经耦合电路后送到运算放大器中处理，输出的音频信号送到输出接口电路中。

表 6-4　音频输出放大电路主要检测点的信号波形

检测点	信号波形	检测点	信号波形
测试点1：运算放大器输入的音频信号	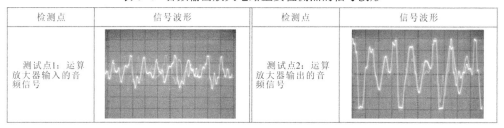	测试点2：运算放大器输出的音频信号	

检测影碟机的音频输出放大电路时，需将影碟机处于工作状态，然后检测运算放大器输入和输出信号波形是否正常，下面以万利达 DVP—801 型 DVD 机的音频输出放大电路为例，介绍该电路部分信号波形的检测方法，如图 6-33 所示。

由图 6-33 可知，运算放大器 NJW4558 的 2 脚和 6 脚为音频信号输入端，1 脚和 7 脚为放大后的音频信号输出端。

使用示波器检测运算放大器 NJW4558 的 2 脚或 6 脚处音频信号波形。检测时，首先将接地夹接地，探头搭在这些引脚，以 2 脚为例，观察示波器的显示屏，如图 6-34 所示。

使用示波器检测运算放大器 1 脚或 7 脚处的音频信号波形（放大后的信号）。检测时，接地夹接地，探头搭在这些引脚上，以 1 脚为例，观察示波器的显示屏，如图 6-35 所示。

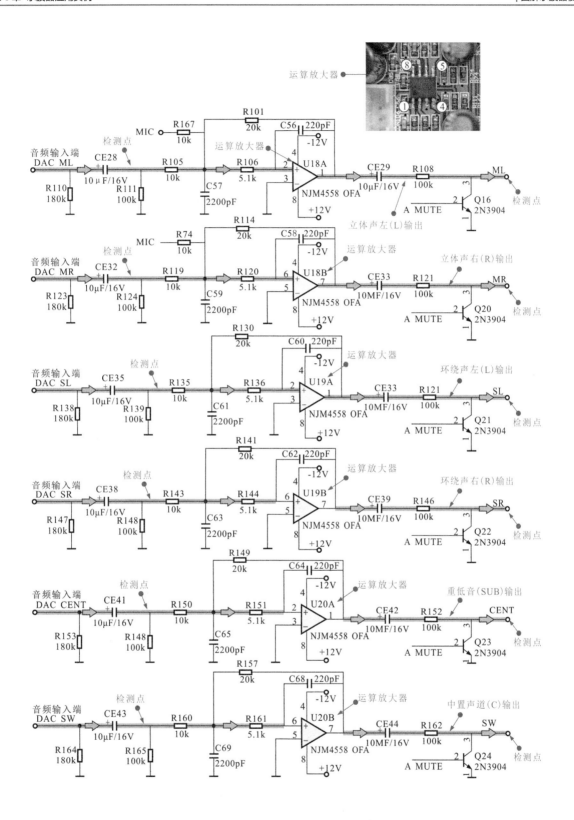

图 6-33 万利达 DVP—801 型 DVD 机的音频输出放大电路

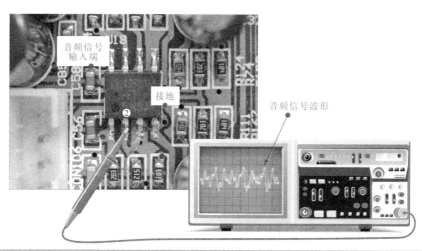

图 6-34　音频信号波形的检测放大

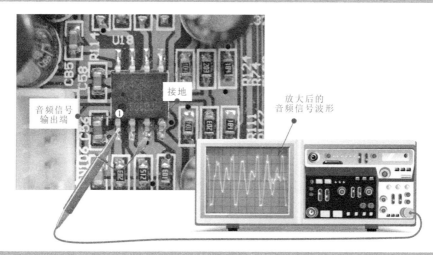

图 6-35　放大后的音频信号波形的检测方法

6.2　示波器在彩色电视机维修中的应用训练

　　示波器是彩色电视机维修中非常重要的检测仪器，通常，在实际检测时，家电维修人员凭借示波器对彩色电视机的功能电路和主要器件的检测，即可确定故障的原因，最终完成对彩色电视机故障的检测。

6.2.1　彩色电视机的整机结构

　　彩色电视机是家用显像产品之一，它主要是将市电压 220V 送入电源电路，经内部处理输出多路直流低压为彩色电视机的其他单元电路供电，主电路工作后输出多种信号，R、G、B 三种信号送入显像管电路中，最后经显像管显示出图像。

　　图 6-36 为典型彩色电视机的整机结构。一般来说，彩色电视机主要是由电路板、显像管等构成的。电路板中主要部件与众多电子元器件相互连接组合形成单元电路（或

功能电路）。工作时，各单元电路（功能电路）相互配合协调工作。图 6-37 为典型电视机的内部结构组成。

图 6-36　典型彩色电视机的整机结构

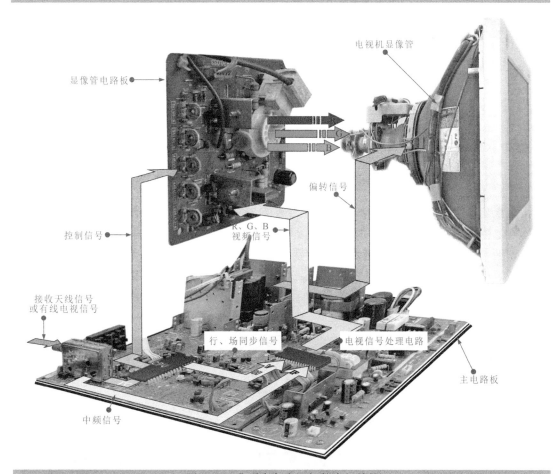

图 6-37　典型彩色电视机的内部结构

　　彩色电视机主要是由主电路板、显像管电路板、电视机显像管三部分构成的。
　　主电路板上的调谐电路接收天线信号，经内部处理输出中频信号送往电视信号处理电路中，超级芯片输出的行、场同步信号送往电视信号处理电路，电视信号处理电路内部处理后输出 R、G、B 信号送往显像管电路板中，超级芯片输出的控制信号也送往显像管电路板中，经显像管电路板处理输出 R、G、B 信号送到电视机显像管中。

6.2.2 示波器检测彩色电视机调谐器及中频电路的方法

调谐器接收的电视节目变成中频信号后，由中频信号输出端（IF）输出，经 Q101 放大，再经声表面波中频滤波器 Z101 滤波后将中频信号送到 IC151 中，在 IC151 中进行中放和视频检波后输出视频信号、伴音信号。这个信号通道中任何一级有故障都会导致收不到电视节目。图 6-38 为调谐器及中频电路的信号流程图。

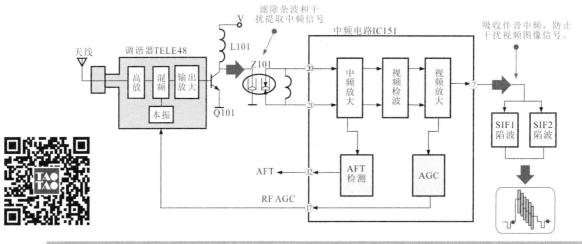

图 6-38　典型调谐器及中频电路的信号流程图

如果电视机接收不到电视节目或所接收的电视节目质量都很差时，检查天线、电缆及与电视机的接口，看是否存在接触不良的情况。然后按电路图的信号流程逐一检测。

调谐器电路中的主要检测点是调谐器输出的 IF 信号、声表面把滤波器输出的中频 IF 信号、中频集成电路的伴音中频信号、输出的 TV 视频信号和 TV 音频信号。

结合该电路的信号流程，首先使用示波器对调谐器输出的 IF 信号波形进行检测，如图 6-39 所示。

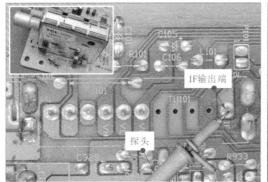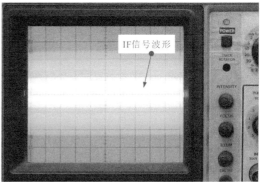

图 6-39　检测调谐器输出的 IF 信号波形

根据信号流程，结合中频集成电路的引脚功能，对中频集成电路输出的音频信号和视频信号波形进行检测，如图 6-40 所示。

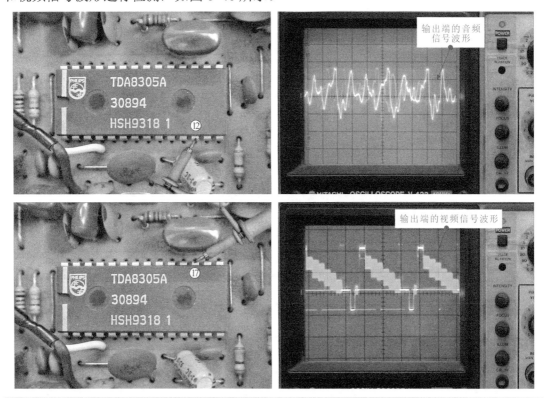

图 6-40   中频集成电路输出端音频、视频信号波形的检测方法

若调谐器输出的 IF 信号不正常，则可能是调谐器本身损坏，若 IF 信号正常，而中频集成电路输出的视频信号和音频信号不正常，则可能是中频集成电路本身损坏。

6.2.3   示波器检测彩色电视机音频信号处理电路的方法

音频电路在中频通道中，是将音频的第二伴音载频信号提取出来，然后进行鉴频和低频放大。在故障检修方面，主要是对音频信号鉴频电路和音频功率放大器进行重点检修。

图 6-41 为彩色电视机音频信号处理电路的信号流程图。

提示说明

　　音频电路有故障应先查供电，如供电失常则会引起无声。其次是检测信号波形，波形消失的部位往往是发生故障的部位，再根据找到的故障线索进一步检修。

结合音频信号处理电路的信号流程，对于音频信号处理电路的检测主要是使用示波器检测电路中输入端的音频信号和输出端的音频信号，如图 6-42 所示。

若音频信号处理电路输入的音频信号正常，而输出的音频信号不正常，在其供电等工作条件均正常的前提下，多为音频信号处理电路本身有故障。

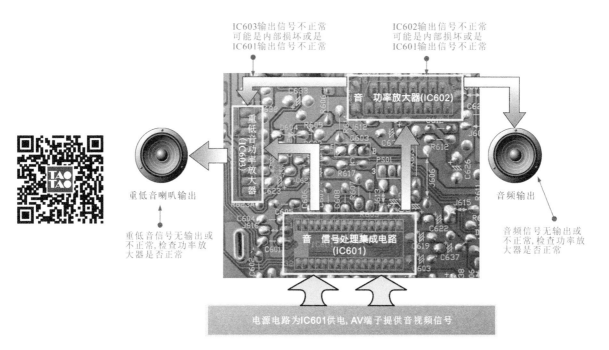

图 6-41　伴音电路检修流程

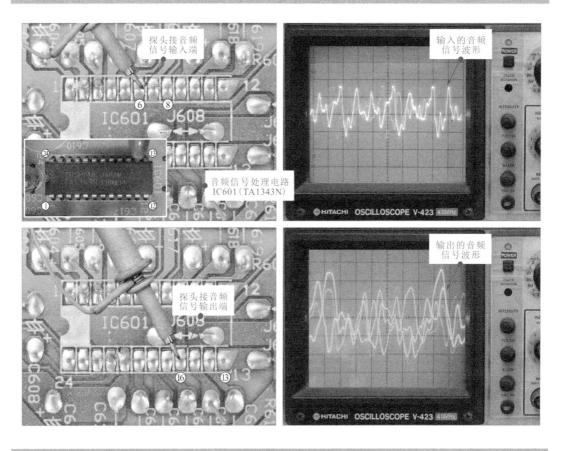

图 6-42　音频信号处理电路的具体检测方法

音频功率放大器的检测也可借助示波器分别检测输入端和输出端的音频信号波形，根据检测结果判断好坏，如图 6-43 所示。

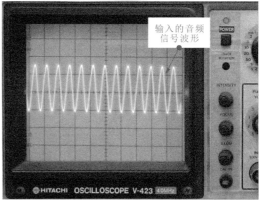
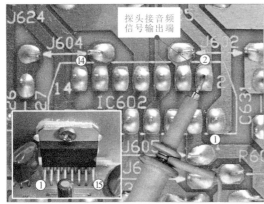
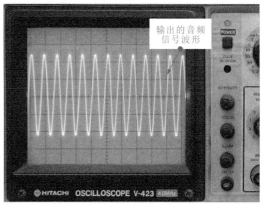

图 6-43　音频功率放大器的具体检测方法

若音频功率放大器输入的音频信号正常，而输出的音频信号不正常，在供电等工作条件正常的前提下，则多为音频功率放大器本身有故障。

6.2.4 示波器检测彩色电视机视频信号处理电路的方法

彩色电视机图像不正常，除了显像管电路有故障会引起图像不正常外，视频信号处理电路有故障也会引起图像显示不正常的故障。在显像管电路正常的情况，可检测视频信号处理电路是否有故障。

图 6-44 为典型视频解码电路的检修流程图。

> **提示说明**
>
> 检测视频信号处理电路输出的关键信号波形（如 R、G、B 三基色信号）是否正常，如信号正常，则说明视频信号处理电路正常，若信号不正常，则检测输入的中频信号以及处理器输出的信号是否正常，这些信号波形的检测都是通过示波器来完成的。

检测视频信号处理电路，主要可借助示波器对输入的中频信号和输出的 R、G、B 信号进行检测。视频信号处理电路的具体检测方法见图 6-45。

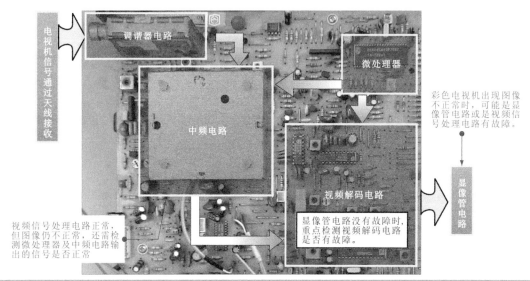

图 6-44　典型视频解码电路的检修流程图

（a）视频解码电路实物外形和引脚功能

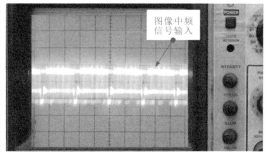

（b）视频解码电路输入的图像中频信号波形

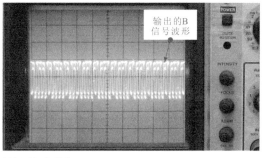

（c）视频解码电路输出的B信号波形

图 6-45　视频信号处理电路的具体检测方法（一）

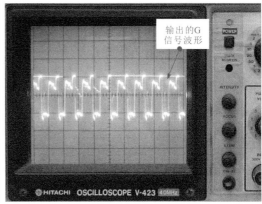

（d）视频解码电路输出的G信号波形

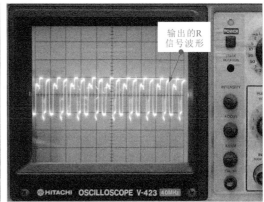

（e）视频解码电路输出的R信号波形

图 6-45　视频信号处理电路的具体检测方法（二）

　　若视频解码电路输入的图像中频信号正常，而输出的 R、G、B 信号中的某一信号不正常，在供电等工作条件正常的前提下，说明该视频解码电路本身不正常。

6.2.5　示波器检测彩色电视机行扫描电路的方法

　　行扫描电路是为显像管提供偏转磁场，控制显像管内的电子束进行水平扫描的电路。若该电路出现故障会引起彩色电视机出现无光栅、图像变窄、行拉伸或相位不对、不同步、行失真、图像反折或叠像等现象，对该电路进行检修时，应先根据行扫描电路的信号流程，逐级检测各电路部分的信号波形，信号消失的地方即为主要故障点。

　　图 6-46 为彩色电视行扫描电路的检修流程图。

提示说明

　　行激励放大器、行激励变压器、行输出晶体管、行回扫变压器是行扫描电路中主要的元器件。其中行输出晶体管将行脉冲放大到足够的功率后去驱动行偏转线圈和行回扫变压器，因此它工作在高反压、大电流的条件下，是彩色电视机中故障率比较高的器件。

　　使用示波器检测彩色电视机的行扫描电路时，重点对上述器件输入、输出端的信号波形进行检测，若在满足供电等条件的前提下，器件输入端信号波形正常，输出端无信号波形，则多为该器件损坏。

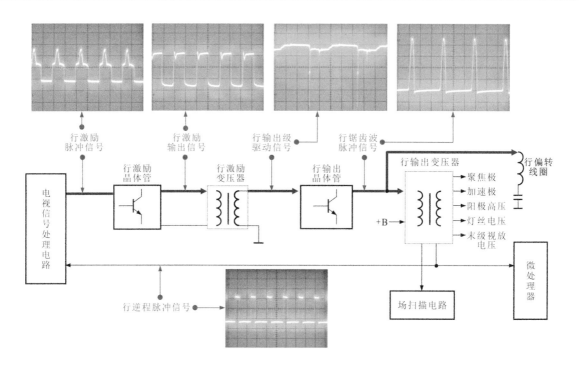

图 6-46　彩色电视机行扫描电路的检修流程图

　　结合图 6-46，行扫描电路的检测主要是使用示波器对行激励放大器基极的信号波形、行激励放大器集电极信号波形、行输出晶体管基极信号波形、行回扫变压器感应波形进行检测。

　　图 6-47 为行激励放大器基极信号波形的检测方法。

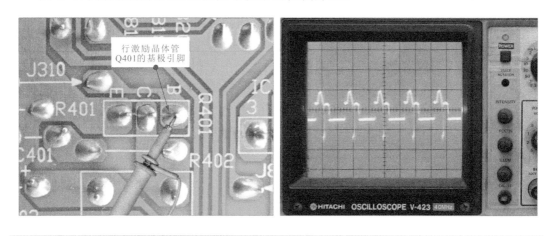

图 6-47　行激励放大器基极信号波形的检测

　　图 6-48 为行激励放大器集电极信号波形的检测方法。
　　图 6-49 为行输出晶体管基极信号波形的检测方法。
　　图 6-50 为行回扫变压器感应信号波形(行输出晶体管集电极信号波形)的检测方法。
　　图 6-51 为行扫描电路输出行逆程脉冲信号的检测方法。

　　若检测时，发现行激励放大器基极信号波形、集电极信号波形、行输出晶体管基极信号波形、行回扫变压器感应波形、行逆程秒冲信号波形中任何一个波形不正常（供电等条件正常的前提下），则说明该行扫描电路不正常。

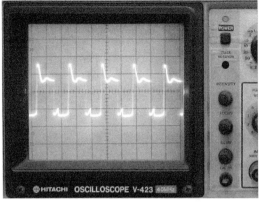

图 6-48　行激励放大器集电极信号波形的检测

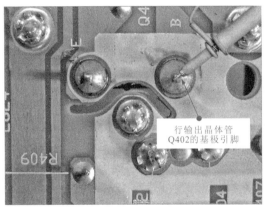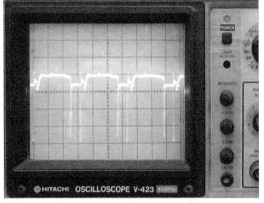

图 6-49　行输出晶体管基极信号波形的检测

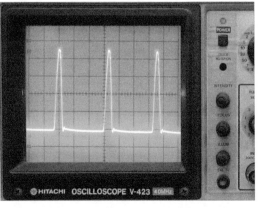

图 6-50　行回扫变压器感应信号波形的检测

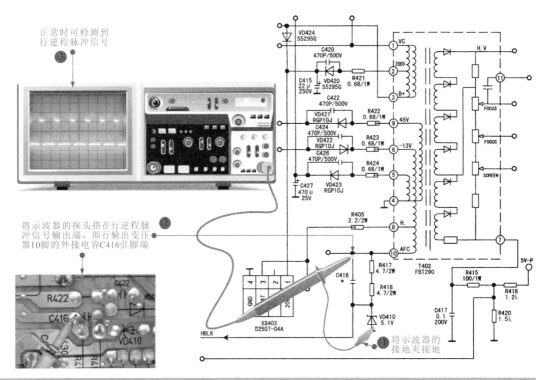

图 6-51　行扫描电路输出行逆程脉冲信号的检测方法

6.2.6　示波器检测彩色电视机场扫描电路的方法

　　场扫描电路是为场（垂直）偏转线圈提供锯齿波电流的电路，它同行扫描电路有着密切的关联，通常行振荡和场振荡都在一个集成电路之中。场输出和行输出是各自独立的电路，而场输出级的电源往往是由行输出级提供的。场扫描电路的故障主要表现为图像垂直方向扫描不良、屏幕为一条水平亮线、场同步或场频失常则会使图像滚动、场扫描信号失真等现象。图 6-52 为彩色电视机场扫描电路的检修流程图。

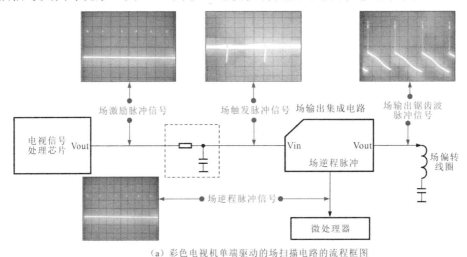

（a）彩色电视机单端驱动的场扫描电路的流程框图

图 6-52　彩色电视机场扫描电路的检修流程图（一）

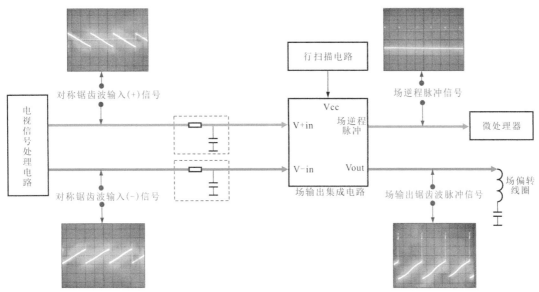

(b）彩色电视机对称锯齿波驱动的场扫描电路的流程框图

图 6-52　彩色电视机场扫描电路的检修流程图（二）

　　检修彩色电视机场扫描电路，应根据场扫描电路的信号流程，逐级检测电路中各关键点的信号波形，在满足供电等条件的前提下，信号消失的地方即为主要的故障点。

　　以对称锯齿波驱动的场扫描电路为例，借助示波器逐级检测各级信号波形。

　　图 6-53 为场输出集成电路输入的场激励信号波形的检测方法。

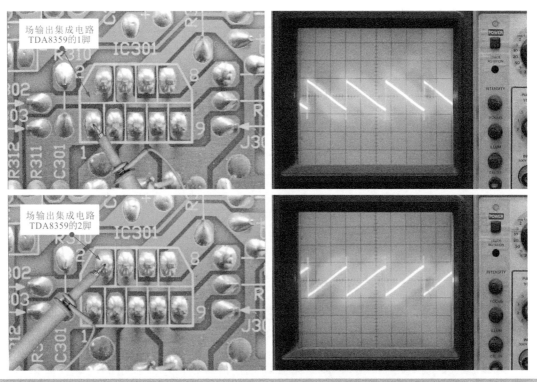

图 6-53　场输出集成电路输入的场激励信号波形的检测方法

图 6-54 为场输出集成电路输出的场锯齿波信号波形的检测方法。

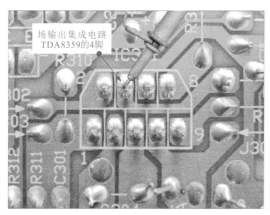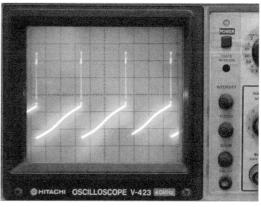

图 6-54　场输出集成电路输出的场锯齿波信号波形检测

当场扫描电路信号均正常时，还需对场输出集成电路输出的场逆程脉冲信号进行检测，若输出的场逆程脉冲信号正常，则说明场扫描电路正常，若无信号输出，则说明场输出集成电路可能损坏。

图 6-55 为场扫描电路输出场逆程脉冲信号的检测方法。

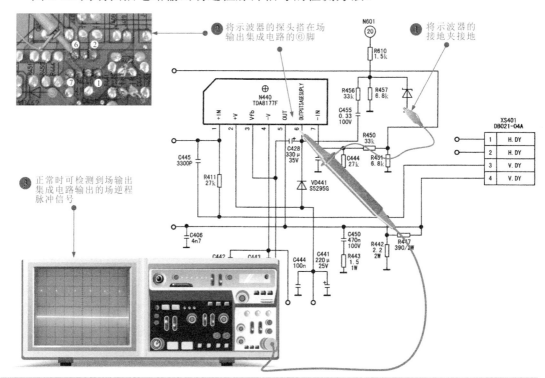

图 6-55　场扫描电路输出场逆程脉冲信号的检测方法

若场输出集成电路输入的对称锯齿波场激励信号正常，而输出的场锯齿波信号不正常，在供电等工作条件满足的前提下，多为场输出集成电路本身损坏。

6.2.7 示波器检测彩色电视机系统控制电路的方法

由于系统控制电路是整个彩色电视机的核心部分，控制着整个电路，因此，在对该部分电路进行检修时，应从多个方面入手，顺信号流程进行检修。

系统控制电路的常见故障是控制失灵，完全不能操作，或是部分操作不良，一般遇到类似的故障时，首先应检查控制电路的基本工作条件是否满足，如供电电压、晶振信号、时钟信号、复位信号等，其次在检测输出的各种控制信号是否正常。

图 6-56 为彩色电视机系统控制电流的检修框图。

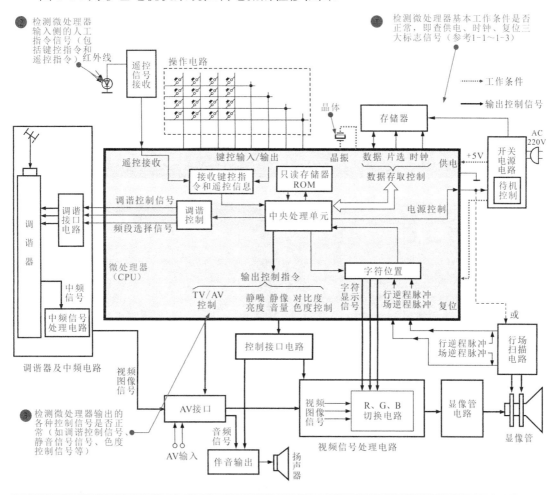

图 6-56 彩色电视机系统控制电路检修框图

在对彩色电视机的系统控制电路进行检测时，主要是检测系统控制电路中微处理器各信号波形是否正常，若信号波形不正常，则应对微处理器的工作条件进行检测，例如供电电压、晶振信号以及复位电压等。在工作电压正常的情况下，若微处理器的各信号波形不正常，则表明微处理器本身损坏。

图 6-57 为使用示波器对系统控制电路中微处理器晶振信号、I^2C 总线信号检测的操作方法。

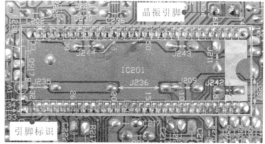

（a）系统控制电路的实物外形

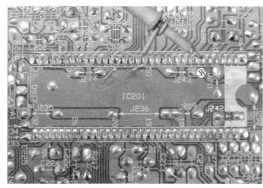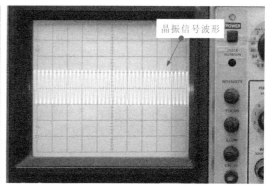

（b）微处理器晶振信号波形的检测

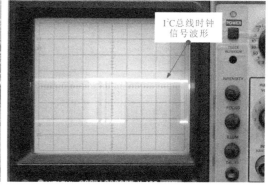

（c）微处理器I²C总线时钟信号波形的检测

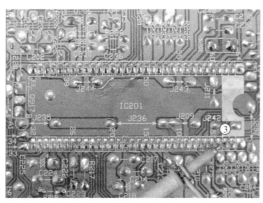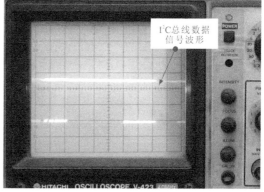

（d）微处理器I²C总线数据信号波形的检测

图 6-57　彩色电视机系统控制电路中微处理器晶振信号和 I²C 总线信号的检测方法

提示说明

采用同样的方法检测微处理器输出的音量控制信号、色度控制信号、输入的遥控信号等,相应的信号波形如图 6-58 所示。若输入信号,如遥控指令、键控指令正常,在控制信号输出端应有相应的控制信号输出,否则说明微处理器部分异常。

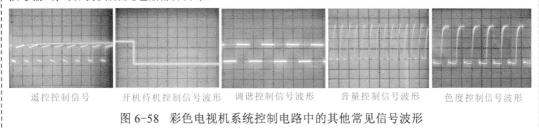

| 遥控控制信号 | 开机待机控制信号波形 | 调谐控制信号波形 | 音量控制信号波形 | 色度控制信号波形 |

图 6-58 彩色电视机系统控制电路中的其他常见信号波形

6.2.8 示波器检测彩色电视机显像管电路的方法

显像管电路是为显像管提供各种电压和驱动信号的电路,若该电路出现故障会引起彩色电视机出现无图像、缺色(偏色)、全白光栅、图像暗而且不清晰、屏幕上出现回扫线等现象,对该电路进行检修时,应根据显像管电路的信号流程,逐级检测电路中关键点的信号波形,根据检测结果判断电路状态。

图 6-59 为彩色电视机显像管电路的检修流程图。

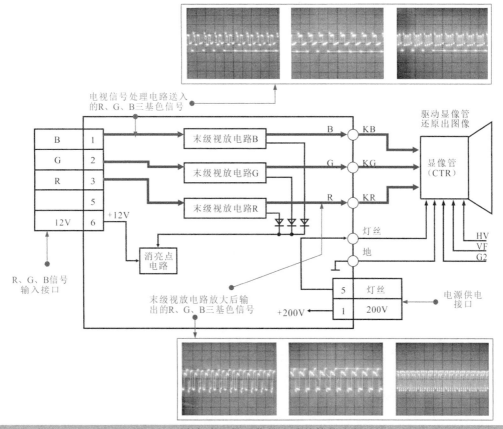

图 6-59 彩色电视机显像管电路的检修流程图

　　根据检修流程，借助示波器对显像管电路输入的 R、G、B 信号和输出的 R、G、B 信号进行检测，如图 6-60 所示。

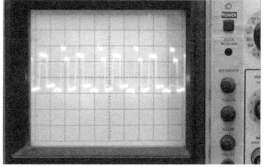

（a）共射极激励放大器Q511基极输入的R信号波形

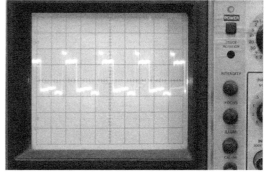

（b）共射极激励放大器Q521基极输入的G信号波形

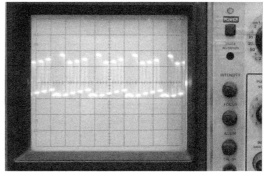

（c）共射极激励放大器Q531基极输入的B信号波形

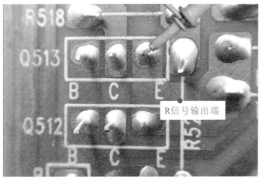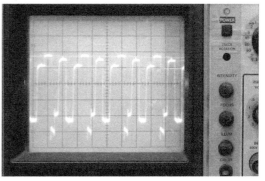

（d）互补推挽放大器Q513发射极输出的R信号波形

图 6-60　显像管电路的具体检测方法（一）

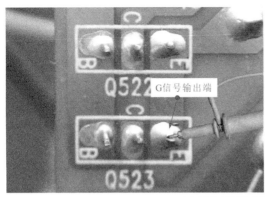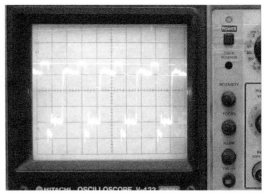

（e）互补推挽放大器Q523发射极输出的G信号波形

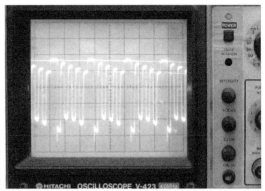

（f）互补推挽放大器Q533发射极输出的B信号波形

图 6-60 显像管电路的具体检测方法（二）

若显像管输入的R、G、B信号波形正常，而输出的R、G、B信号波形不正常，在高、低压供电电压、灯丝电压等正常的前提下，则说明该显像管电路有故障。

6.3 示波器在电磁炉维修中的应用训练

6.3.1 电磁炉的整机结构

电磁炉主要是利用电磁感应原理进行加热的电热炊具，不同品牌、型号的电磁炉的结构各有不同，图 6-61 为典型微电脑式电磁炉的整机结构图，从图中可以看出，电磁炉主要是由灶台、上盖、底盖、炉盘线圈及热敏电阻、操作显示电路板、控制电路板、电源供电及功率输出电路板及风扇电动机、电源线等组成。

不同电磁炉电路板与主要部件的连接方式和布局方式也不相同，图 6-62 为两块电路板和三块电路板连接方式的电磁炉。

交流 220V 电源直接送到电源供电及功率输出电路板中，然后再通过变压器降压后变成低压，再经过整流滤波后变成直流低压为电路中的微处理器、散热风扇、操作显示电路板、炉盘线圈的温度检测器（热敏电阻）提供工作电压。在电源供电及功率输出电路板上，交流 220V 经过桥式整流堆、滤波电容等处理后，为炉盘线圈及 IGBT（门控管）提供工作电压。

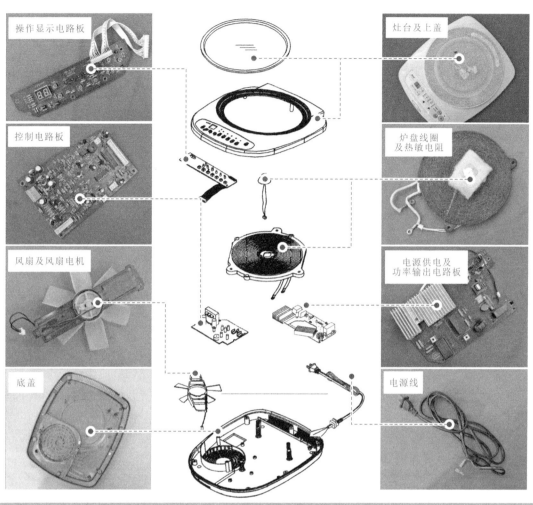

图 6-61 典型电磁炉的整机结构图

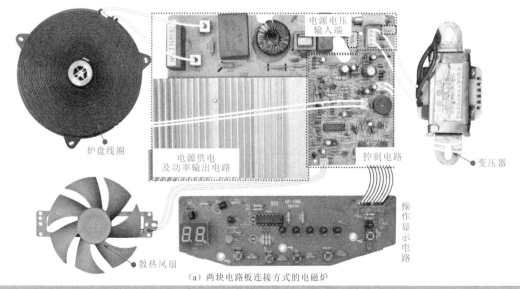

（a）两块电路板连接方式的电磁炉

图 6-62 两块电路板和三块电路板连接方式的电磁炉（一）

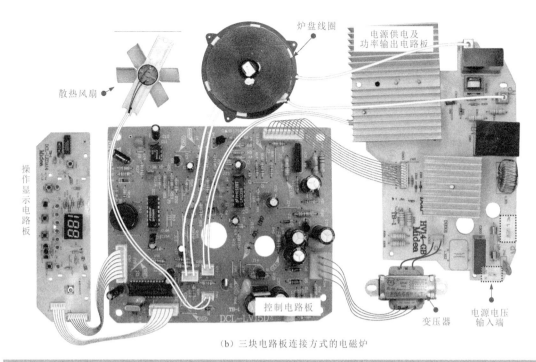

（b）三块电路板连接方式的电磁炉

图 6-62　两块电路板和三块电路板连接方式的电磁炉（二）

电磁炉工作时，通过操作显示电路板输入人工指令后，经过控制电路板上的微处理器进行指令的识别，然后根据程序对电磁炉中的各个部分进行控制。

6.3.2　典型电磁炉电路中的检测点及信号波形

电磁炉的整机电路都与交流 220 V 供电有线路的连接而没有采取隔离措施，因而电路板上的接点都可能带交流市电高压，用示波器检测信号波形时，必须用隔离变压器为电磁炉供电，以防触电，损坏器件。

图 6-63 为美的 MC—PVY22A 型电磁炉的整机电路与主要信号的检测点，该电路主要是由微处理器（MCU）控制电路、直流电源电路、过压保护电路、电流检测变压器、IGBT 驱动电路、电风扇驱动电路及电风扇电动机等构成的。图中标注了该电路中主要信号的检测点，相对应的信号波形见表 6-5。

6.3.3　示波器检测电磁炉电源供电及功率输出电路的方法

对于电源供电及功率输出电路，主要可以使用示波器检测降压变压器、炉盘线圈、IGBT 出的信号波形，如图 6-64 所示。

1　降压变压器部分信号的检测

检测降压变压器，可用示波器感应其脉冲信号波形。正常的情况下，若电磁炉能够开机，使用示波器的探头靠近电源变压器。如无隔离变压器，示波器的探头和接地夹都与电磁炉接点不接触，防止触电。只检测变压器辐射的交流信号，在示波器的屏

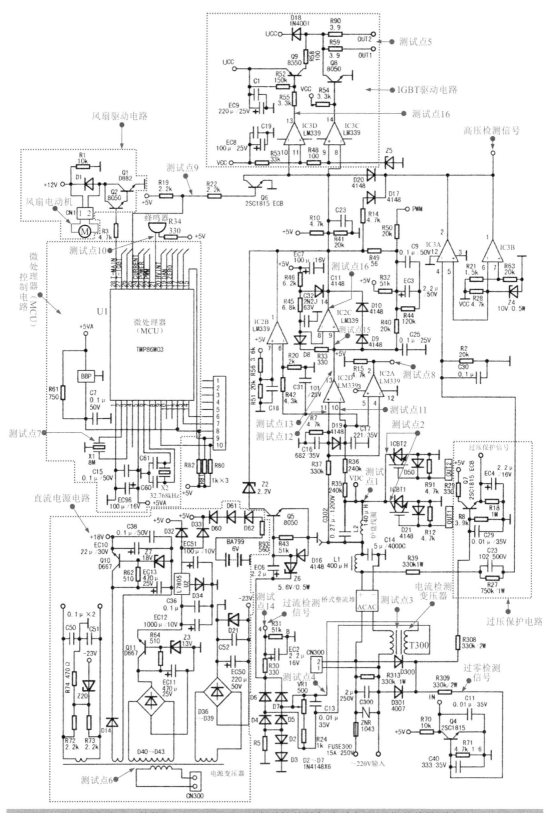

图 6-63　美的 MC—PVY22A 型电磁炉的整机电路与主要信号的检测点

表 6-5　美的 MC—PVY22A 型电磁炉主要信号检测点的波形

检测点	信号波形	检测点	信号波形
测试点1：炉盘线圈感应信号波形		测试点2：IGBT感应信号波形	
测试点3：电流检测变压器感应信号波形		测试点4：电流检测变压器输出信号波形	
测试点5：IGBT驱动信号波形		测试点6：电源变压器感应的信号波形	
测试点7：MCU晶振信号波形		测试点8：MCU检锅信号波形	
测试点9：MCU输出的PWM信号波形		测试点10：蜂鸣器信号波形	
测试点11：炉盘线圈IGBT侧取样信号波形		测试点12：炉盘线圈DC 300V侧取样信号波形	
测试点13：同步振荡输出信号波形		测试点14：电流检测输出电压信号波形	
测试点15：锯齿波波形		测试点16：PWM调制输出信号波形	

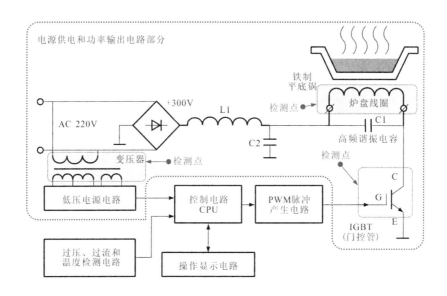

图 6-64　美的电源供电及功率输出电路的主要检测元件及检测部位

幕上便会显示出脉冲信号的波形，如图 6-65 所示。

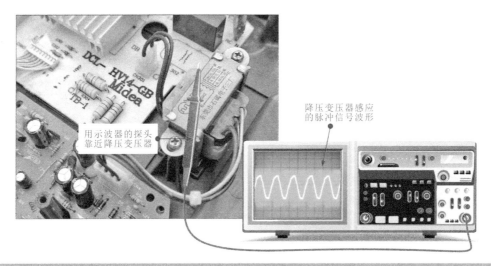

图 6-65　降压变压器感应的脉冲信号波形

若可以感应到脉冲信号波形，则说明降压变压器及前级电路是正常的；若无法感应到脉冲信号波形，则说明降压变压器或前级电路有故障。

2　炉盘线圈部分信号的检测

用示波器感应炉盘线圈部分的信号波形，可以判断电源供电及功率输出电路工作是否正常。在电磁炉正常工作的情况下，使用示波器的探头靠近炉盘线圈，接地线悬空，便会感应出脉冲信号的波形，如图 6-66 所示。

若可以感应到脉冲信号的波形，则说明电源供电及功率输出电路是正常的；若无法感应到脉冲信号波形，则说明该电路没有工作。

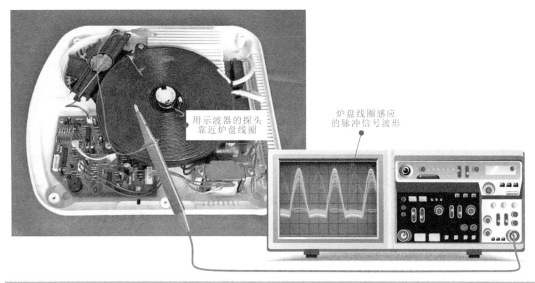

用示波器的探头靠近炉盘线圈

炉盘线圈感应的脉冲信号波形

图 6-66　炉盘线圈部分感应的脉冲信号波形

3　IGBT 部分信号的检测

　　对于 IGBT，也可以使用示波器感应的方法进行检测，通常通过 IGBT 散热片便可以感应到高频振荡脉冲信号，而且越靠近门控管，高频振荡脉冲信号的幅度也就越大，图 6-67 为 IGBT 感应脉冲信号的检测方法。

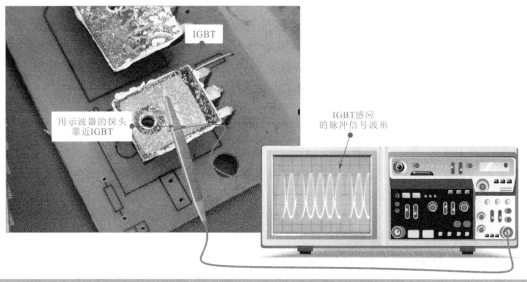

IGBT

用示波器的探头靠近IGBT

IGBT感应的脉冲信号波形

图 6-67　IGBT 感应信号的检测方法

　　若检测时无脉冲信号波形，则还应对 IGBT 输入的驱动信号进行检测，检测时需将示波器的接地夹接地端，用探头搭在 IGBT 的控制极 G 上，如图 6-68 所示。这种检测必须用隔离变压器为电磁炉供电，以防触电。

　　若 IGBT 无法感应到脉冲信号波形，但控制极 G 输入的脉冲信号正常，则可能是 IGBT 损坏。

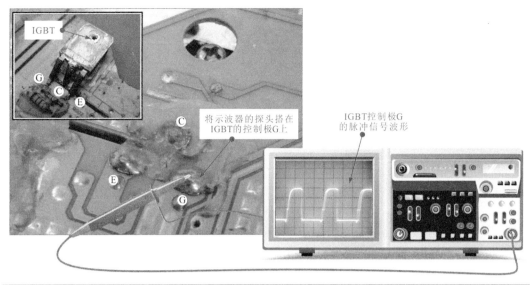

图 6-68　IGBT 感应信号的检测方法

6.3.4　示波器检测电磁炉控制电路的方法

对于电磁炉中的控制电路，主要可以使用示波器检测微处理器（MCU）控制电路以及电压比较器部分的信号波形，下面以美的 MC—PSD/A/B 型电磁炉的控制电路为例，介绍其信号的检测方法，如图 6-69 所示。

控制电路中的控制中心是微处理器芯片 IC1（型号：S3P9428XZZ），IC1 接收操作电路送来的人工指令，输出风扇驱动和蜂鸣器驱动信号。在工作时电流检测信号、过压检测信号、温度检测信号等都送给微处理器，为微处理器提供各项检测信号。IC5 是驱动脉冲信号的功率放大器，它将 PWM 脉冲信号放大后去驱动 IGBT。

1 微处理器（MCU）控制电路部分信号的检测

检测电磁炉的微处理器控制电路时，需先接通电磁炉电源并开机，然后用示波器检测微处理器芯片关键引脚的信号波形是否正常，下面以微处理器 S3P9428XZZ 为例，介绍该电路部分信号波形的检测方法，如图 6-70 所示。

根据美的 MC—PSD/A/B 型电磁炉控制电路图上的检测点，可以使用示波器对微处理器主要引脚上的波形进行检测。

（1）微处理器 S3P9428XZZ 的 2 脚和 3 脚为时钟信号端，可用示波器检测两引脚的时钟晶振信号。检测时需将示波器的接地夹接地，用探头分别搭在这两个引脚上，调整示波器上相应旋钮，便可以检测到这两个引脚上的时钟晶振信号的波形，如图 6-71 所示。

（2）微处理器 S3P9428XZZ 的 19 脚为启动信号端，将示波器的探头搭在该引脚上时，正常情况下，应可以检测到启动信号的波形，如图 6-72 所示。

（3）微处理器 S3P9428XZZ 的 20 脚为检锅信号端，将示波器的探头搭在该引脚上，正常情况下，应可以检测到检锅信号的波形，如图 6-73 所示。

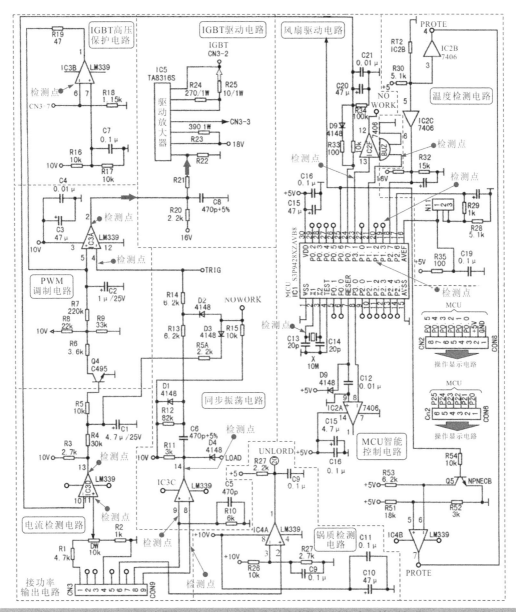

图 6-69　美的 MC—PSD/A/B 型电磁炉的控制电路及检测部位

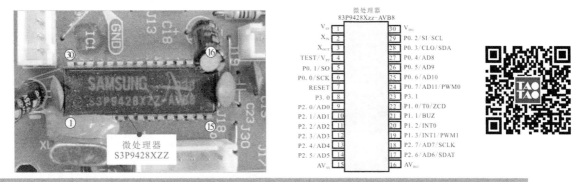

图 6-70　微处理器 S3P9428XZZ 的实物和引脚排列图

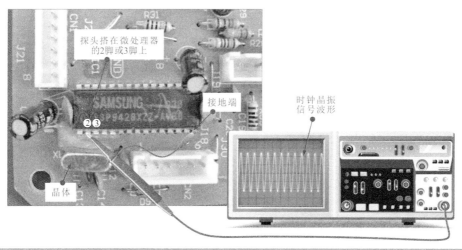

图 6-71　使用示波器检测微处理器 S3P9428XZZ 的时钟晶振信号

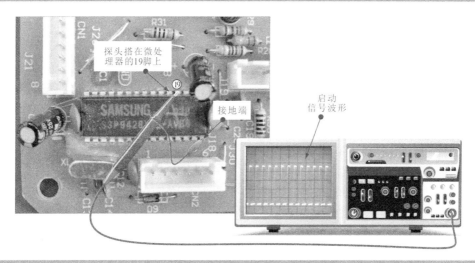

图 6-72　微处理器启动信号的检测

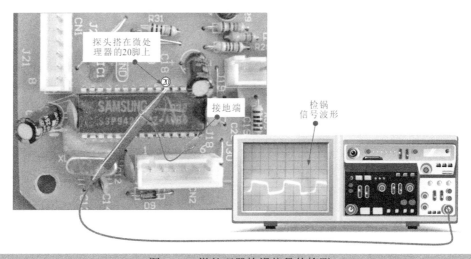

图 6-73　微处理器检锅信号的检测

（4）微处理器 S3P9428XZZ 的 21 脚为蜂鸣器控制信号输出端，将示波器的探头搭在该引脚上，正常情况下，应可以检测到蜂鸣器信号的波形，如图 6-74 所示。

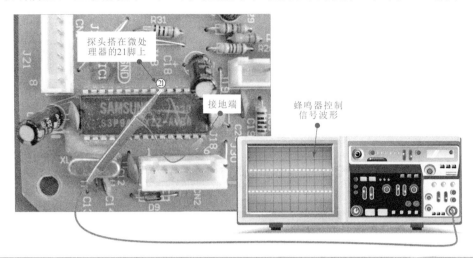

图 6-74　微处理器输出的蜂鸣器控制信号的检测

（5）微处理器 S3P9428XZZ 的 24 脚为 PWM 信号输出端，将示波器的探头搭在该引脚上，正常情况下，应可以检测到 PWM 信号的波形，如图 6-75 所示。

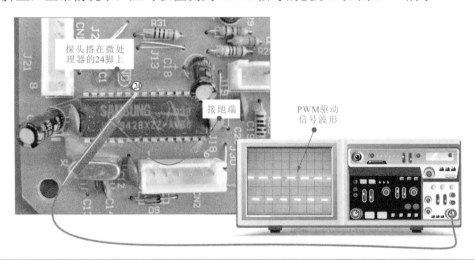

图 6-75　微处理器输出 PWM 信号的检测

2　电压比较器部分信号的检测

电压比较器是电磁炉控制电路中的主要元件之一，主要用于与外围电路构成 PWM 信号产生电路。对于该部分信号的检测，主要通过示波器检测其主要引脚的信号波形是否正常。图 6-76 为电压比较器 LM339 的实物外形和引脚排列图。

根据其引脚功能图可以看到，其 4 ～ 11 脚为 PWM 信号输入端、1、2 脚和 13、14 脚为 PWM 信号输出端。

（1）电压比较器 LM339 输出 PWM 调制信号去驱动 IGBT，该信号可在输出端引

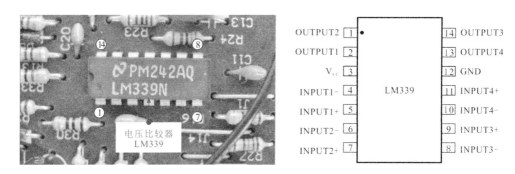

图 6-76　电压比较器 LM339 的实物外形和引脚排列图

脚上测得（以 2 脚为例），检测时需将示波器的接地夹接地端，将探头搭在 2 脚上即可，如图 6-77 所示。

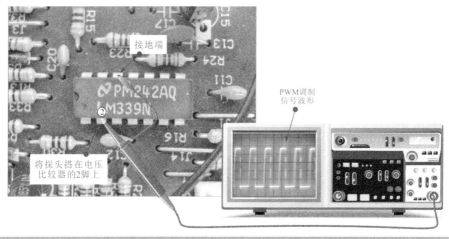

图 6-77　电压比较器 LM339 输出 PWM 调制信号的检测

（2）电压比较器 LM339 输入端锯齿波信号是由同步振荡电路送来的，检测时将示波器的探头搭在输入端引脚上（以 4 脚为例），正常情况下，应可以测得相应的锯齿波信号波形，如图 6-78 所示。

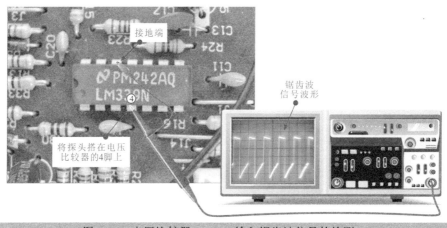

图 6-78　电压比较器 LM339 输入锯齿波信号的检测

（3）另外，电压比较器 LM339 的 6 脚为过压保护信号端，将示波器的探头搭在该引脚上，正常情况下，应可以检测到过压保护信号的波形，如图 6-79 所示。

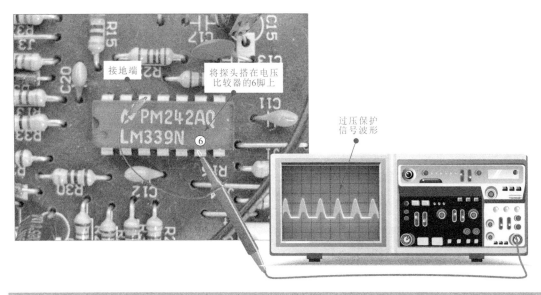

图 6-79　电压比较器 LM339 过压保护信号的检测

（4）电压比较器 LM339 的 8 脚为炉盘线圈 IGBT 侧取样信号端，将示波器的探头搭在该引脚上，正常情况下，可以检测到炉盘线圈 IGBT 侧取样信号的波形，如图 6-80 所示。

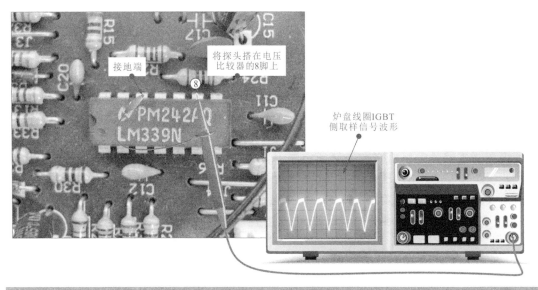

图 6-80　炉盘线圈 IGBT 侧取样信号的检测

此外，电压比较器 LM339 的 9 脚为炉盘线圈 300V 直流电压侧取样信号端，11 脚电流检测取样信号端，13 脚为电流检测输出电压信号端，14 脚为同步振荡信号输出端，这些信号的检测方法同上，其波形如图 6-81 所示。

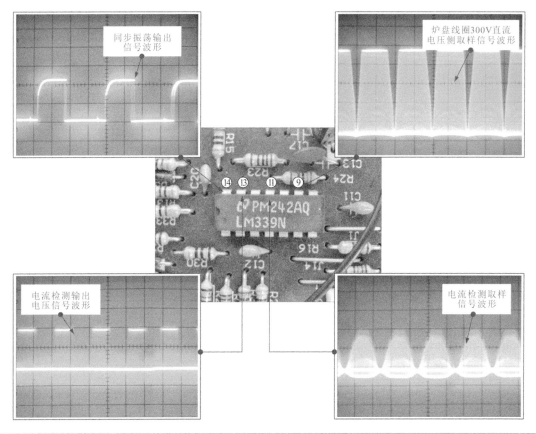

图 6-81　电压比较器 LM339 其他引脚的信号波形

6.3.5 　示波器检测电磁炉操作显示电路的方法

　　在操作显示电路中，主要可以使用示波器检测数码显示管以及移位寄存器各引脚的波形，通过检测相应的波形，便可以判断元件的好坏，下面以美的 MC—PSD/A/B 型电磁炉操作显示电路为例，介绍操作显示电路的检测方法，如图 6-82 所示。

　　该电路主要是由移位寄存器集成电路 IC7、数码显示管和操作按键等部分构成的。由微处理器电路送来的数据信号和时钟信号送到移位寄存器中（A 和 B），经移位寄存器输出 8 路数据信号（Q0 ～ Q7），再分别送到发光二极管显示电路及数码管显示电路（a ～ g），同时微处理器对 Q201 ～ Q24 进行控制，从而实现正常的显示功能。

1　数码显示管部分信号的检测

　　数码显示管主要是用来显示电磁炉的工作时间，其内部的基本发光单位为发光二极管，如图 6-83 为数码显示管的外形及背面引脚图。

　　使用示波器检测数码显示管的引脚波形时，应先对电磁炉进行通电，然后将示波器探头搭在数码显示管引脚上（以 1 脚和 5 脚为例），正常情况下，应可以检测到数码显示管驱动信号的波形，如图 6-84 所示。

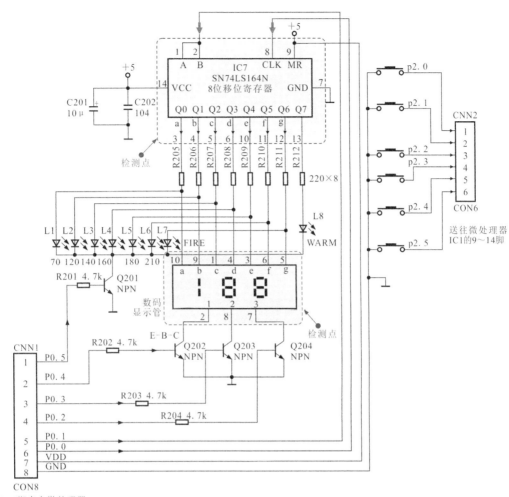

图 6-82　美的 MC—PSD/A/B 型电磁炉的操作显示电路及其检测部位

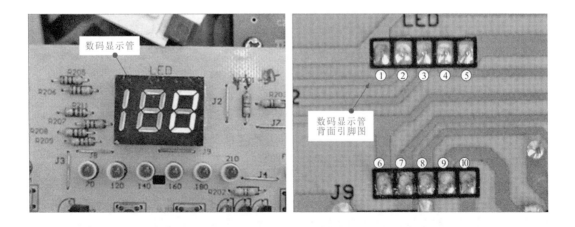

图 6-83　数码显示管的外形及背面引脚图

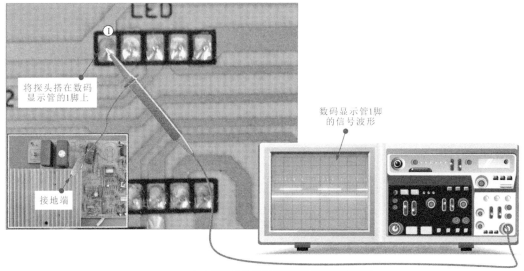

（a）使用示波器检测数码显示管1脚的信号

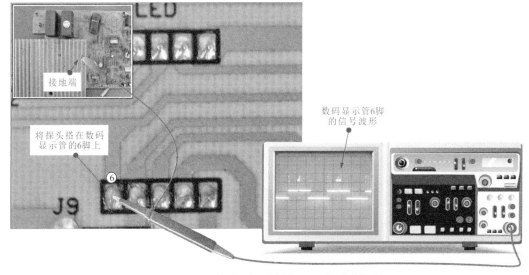

（b）使用示波器检测数码显示管5脚的信号

图 6-84　数码显示管引脚端信号的检测

数码显示管其他引脚的信号波形如图 6-85 所示，其检测方法同上。

2　移位寄存器部分信号的检测

移位寄存器主要是对操作显示电路中的信号进行传输控制，给电磁炉通电后，使用示波器检测移位寄存器各个引脚的波形。

图 6-86 为移位寄存器及其引脚功能图。

下面以移位寄存器 1 脚输入的串行信号以及 3 脚输出的信号为例，介绍如何使用示波器进行检测。首先将示波器的接地夹接地，探头分别搭在这两个引脚上，如图 8-87 所示。

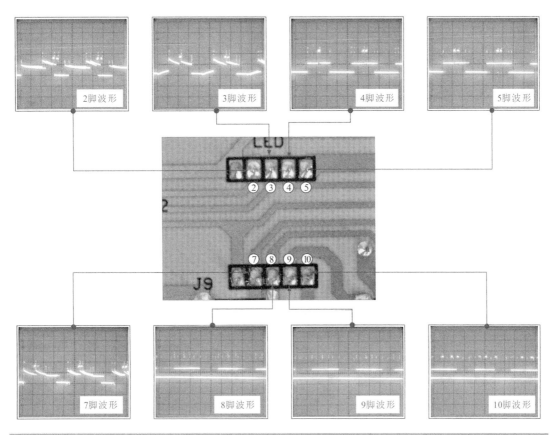

图 6-85 数码显示管其他引脚的波形

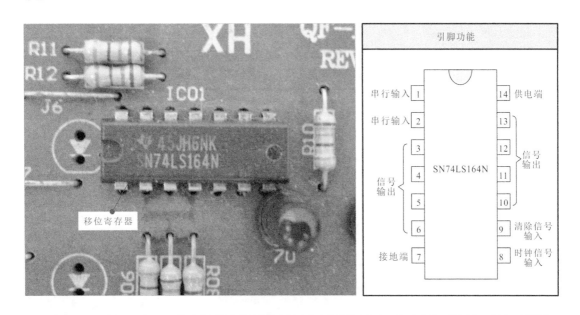

图 6-86 移位寄存器及其引脚功能图

移位寄存器其他引脚的波形如图 6-88 所示，其检测方法同上。

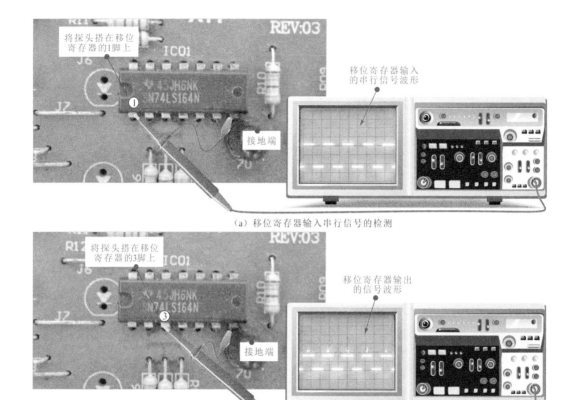

（a）移位寄存器输入串行信号的检测

（b）移位寄存器输出信号的检测

图 6-87　移位寄存器 1 脚和 3 脚信号的检测

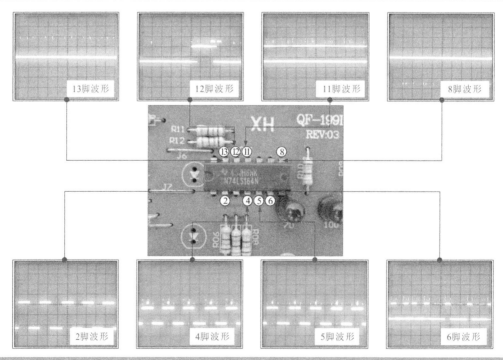

图 6-88　移位寄存器其他引脚的波形

6.4   示波器在计算机主板维修中的应用训练

6.4.1   计算机主板的结构特点

计算机主板是整个计算机系统中非常重要的部件之一，几乎所有的计算机部件都需要通过主板来承载和连接，它的结构较复杂，图 6-89 为典型计算机主板的实物外形，图 6-90 为与外设设备连接的接口。从图中可以看到，在主板上，排布着各种电子元器件、接口、插槽和芯片等。

图 6-89 典型计算机主板的实物外形

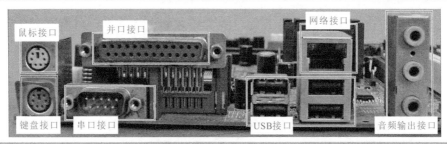

图 6-90 主板的外部接口

　　从图中可以看出，该电路板主要芯片有 CPU 芯片、北桥芯片、南桥芯片，这三个芯片是主板主要的部件，它们处理着计算机中的主要数据信号，其中任何一个损坏都会造成整个主板不能工作。

　　其中，CPU 芯片安装在 CPU 芯片插座上，常位于主板上半部分，经常设置在靠近电源风扇的部位，以便于散热，随着 CPU 功率的越来越大，现在的 CPU 插座上一般都单独配有 CPU 风扇，以降低 CPU 工作时的温度，防止温度过高而损坏 CPU。北桥芯片距离 CPU 芯片较近，南桥芯片位于北桥芯片的下方，这两个芯片组成了芯片组，也有的主板将这两种芯片进行了集成。它的主要功能是控制 CPU 和内存、AGP、PCI、PCI-E 的数据传输与处理。

　　内存插槽也是主板上必不可少的插槽，主要是用来安装内存条，此主板上设置了两个插槽，以便扩容或升级时使用。

　　PCI 插槽是标准的 32 位总线扩展插槽，主要用来插接 PCI 适配卡。目前主流的显卡、声卡、网卡等都是 PCI 适配卡，通过 PCI 插槽进行连接。

　　PCI-E 插槽也是一种总线扩展插槽，目前，主要应用于显卡的接口上。图中所示主板上主要有 PCI-E X1 和 PCI-E X16 两种插槽形式。此外，该主板还设有 AGP 插槽，用来安装 AGP 显卡使用。

　　主板电源供电接口也叫 ATX 电源插座，是一个 24 芯双列插座，用来连接 ATX 电源，为主板及与主板连接的鼠标、键盘、适配卡等部件进行供电，图中主板电源供电接口位于主板的右下方。

　　IDE 接口是 40 针的双排针插座，主要用于连接 IDE 设备，如硬盘、光驱等。一些主板中设有蓝色和黄色两种 IDE 接口，一般在 IDE 接口处可以找到 IDE1 和 IDE2 的标识，蓝色 IDE 接口为 IDE1，主要用来连接 IDE 硬盘，黄色 IDE 接口为 IDE2，IDE2 也可以称为"从 IDE 接口"，多用来连接光驱。有的 IDE 接口采用侧向处理，以避免使用体积庞大的显卡而影响 IDE 接口与硬盘的连接。

　　软驱接口是一个 34 针的双排针插座，一般标有 FDD 的标志，用来连接软驱。

　　I/O 接口主要是为用户提供一系列输入 / 输出接口，图中的主板提供了鼠标、键盘接口（PS/2 接口）、串行接口、LPT 并行接口、网络接口、USB 接口以及音频输出接口等，位于主板的侧面。它们主要受 I/O 芯片的控制，图中的 I/O 芯片还具有硬件监测功能。

　　CMOS 电池是为了保持电脑在断电的情况下，维持主板 CMOS 中的 BOIS 设置信息及系统时钟的运行。

　　BIOS 芯片实际上是一种只读存储器，其内部保存着电脑的基本输入 / 输出程序、系统设置信息、开机加电自检程序和系统启动自检程序。

　　在一些主板上还设置有声卡芯片、网卡芯片和电源管理芯片等，其中声卡芯片也叫音效芯片，是一个声音处理芯片，主要负责声音的数字处理和数字变换。网卡芯片是主板用来处理网络数据的芯片，主要用来代替网卡。电源管理芯片一般位于 CPU 附近，主要负责 CPU 的供电和检测，为 CPU、内存、芯片组等供电。软关机、休眠、唤醒等电源管理功能都是由电源管理芯片实现的。

6.4.2 计算机主板的电路结构

一般计算机主板中主要的电路有开机电路、供电电路、时钟电路、主板接口电路和复位电路、BIOS 电路和 CMOS 电路和等部分电路组成。

1 开机电路的结构特点

计算机主板的开机电路是通过开机键来实现电脑的开机和关机功能。主板开机电路的主要功能是使开机电路产生触发信号，并控制 ATX 电源给主板供电，使主板开始或停止工作，是主板中的重要单元电路，如图 6-91 所示。

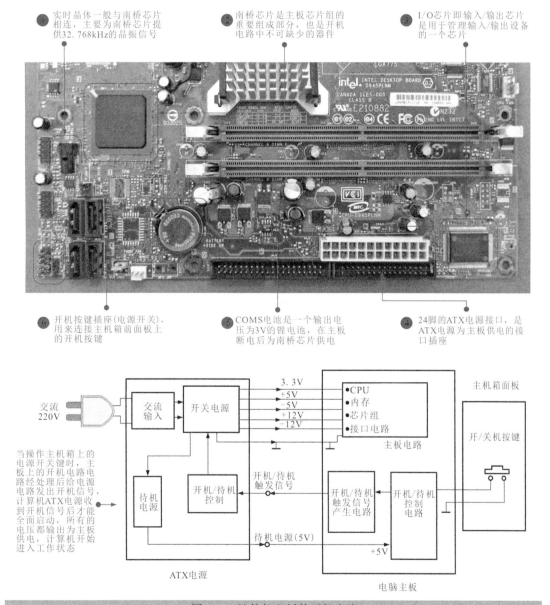

图 6-91 计算机主板的开机电路

2　供电电路的结构特点

　　计算机主板供电电路是主板电路中的重要组成部分，主要作用是将 ATX 电源输出的电压进行一系列的转换处理，以满足主板上 CPU、芯片组、内存、I/O 接口电路以及各种板卡和电路的供电需要。由于各部分所需要的电压值和电流值不同，因而需要分别供电。主板供电电路主要由 CPU 供电电路、内存供电电路、芯片组供电电路和显卡供电电路等组成，图 6-92 为计算机主板的供电电路。

图 6-92　计算机主板的供电电路

3　时钟电路的结构特点

　　主板时钟电路主要有两个作用，一是在启动时提供初始化时钟信号，让主板能够启动；二是在主板正常运行时即时提供各种芯片需要的时钟信号，如为 CPU、内存、北桥、南桥、AGP 插槽、PCI 插槽等提供工作时钟（工作频率），使主板各个模块能够协调工作。图 6-93 为时钟电路在主板中与其他电路或设备的关系示意图。

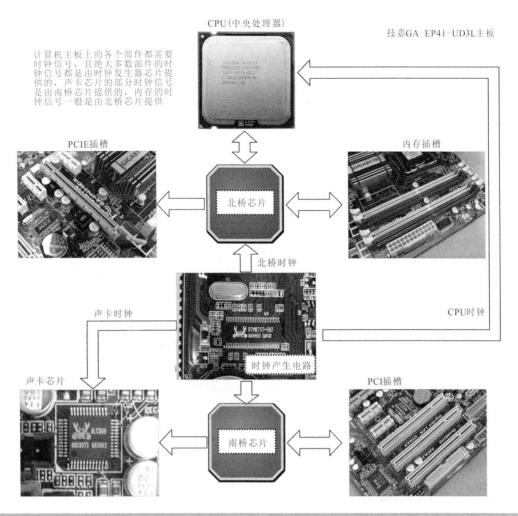

图 6-93 时钟电路在主板中与其他电路或设备的关系示意图

6.4.3 示波器检测计算机主板开机电路的方法

1 开机电路的信号流程

由于各主板生产厂商的设计不同，主板的开机电路根据开机信号的走向主要可分为经过南桥芯片的开机电路、经过南桥芯片及 I/O 芯片的开机电路、经过南桥芯片及逻辑门电路的开机电路等 3 种。这 3 种不同的设计使开机电路的结构上有所不同，但其基本的电路原理是相同的。

图 6-94 为直接由南桥芯片控制的开机电路简单原理示意图。

在该电路中，5V_SB（紫 5 V，待机线）端，为开机电路提供待机电压，即只要接通电源而无需按动开机键，电路中已经有 5 V 电压存在于相关电路上。

正电压稳压器（1117）的①脚接地，③脚接来自 5V_SB（紫 5 V，待机线）端提供的电压，在其内部转换后，分成两组电压输出，一路经 R2、R1 后送入开关针脚，一路经二极管送入 CMOS 跳线上。

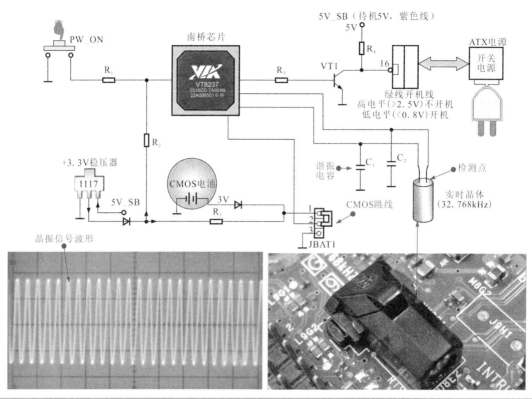

图 6-94　直接由南桥芯片控制的开机电路简单原理示意图

　　32.768 kHz 的实时晶振为南桥中集成的电源管理系统系统时钟脉冲信号。

　　根据图 6-94，开机电路的整个工作过程可简单归纳为：当按下 PW_ON 开关（主机前面板上）时，将南桥芯片的电源开关触发端瞬间接地，也是就为南桥芯片的电源开关触发端提供一个触发信号，此低电平信号触发南桥中的电源管理系统。

　　当南桥内部的电源管理系统接到此触发信号后会输出一个控制信号，输出一个高电平，该高电平信号送入晶体管 VT1 的基极，使该晶体管置于导通状态。而当晶体管导通后，为 ATX 开关电源输入低电平开机信号，进而实现开机。开机后绿线保持为低电平，这就是开机电路的工作过程。

　　由上述内容可知，主板开机电路要进行工作，首先需要为开机电路供电，且要提供时钟信号和复位信号，如图 6-95 所示。具备上述三个条件后，开机电路才开始工作。其中供电是由 ATX 电源的第⑨脚（紫 5 V 待机电压）提供，32.768 kHz 的时钟信号由实时晶振提供，复位信号由电源开机、南桥内部的触发电路提供。

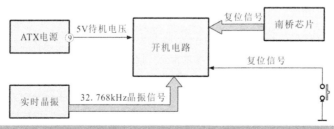

图 6-95　开机电路工作的条件

2 开机电路部分信号的检测

检测计算机主板的开机电路时，通常可用示波器检测该电路部分中实时晶体的信号波形，图 6-96 为开机电路的电路图。

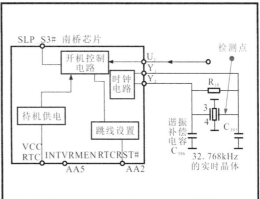

图 6-96 开机电路的电路图

将示波器的探头分别接接触实时晶体的两个引脚或谐振补偿电容的引脚，如图 6-97 所示，正常情况下，应可以测得 32.768 kHz 的晶振信号波形。

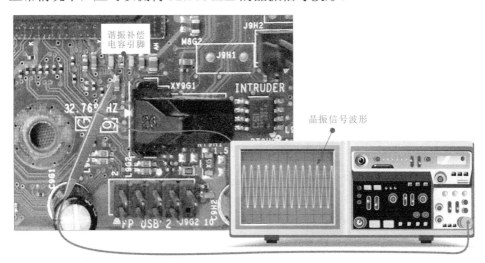

图 6-97 晶振信号波形的检测方法

6.4.4 示波器检测计算机主板 CPU 供电电路的方法

1 CPU 供电电路的信号流程

目前，大多数主板上采用两路并联或多路并联的设计，又称两相或多相方式，以满足 CPU 高功耗、大电流的需求，采用分路供电的方式还可以减小每路中场效应晶体管的负载，实际上两路并联的供电方式就是将两个单路电路的并联组合，其典型结构如图 6-98 所示，表 6-6 所列为 CPU 供电电路主要检测点信号波形。

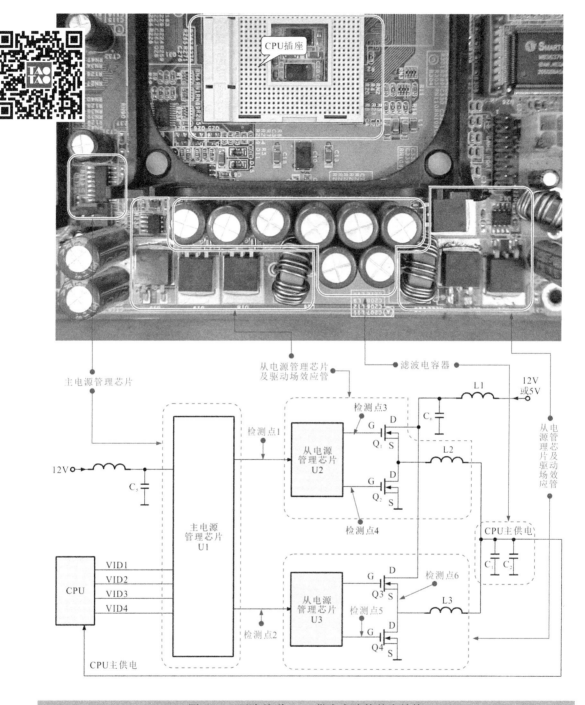

图 6-98　两路并联 CPU 供电电路的基本结构

2　CPU 供电电路部分信号的检测

在 CPU 供电电路中，电源管理芯片（主电源管理芯片和从电源管理芯片）、场效应晶体管是比较容易损坏的元件，一般可根据供电电路中的信号流程逐一用示波器检测关键点的信号波形，来判断电路中存在故障的部位和范围。

表 6-6　CPU 供电电路主要检测点信号波形

检测点	信号波形	检测点	信号波形
测试点1：主电源管理芯片输出的PWM信号波形	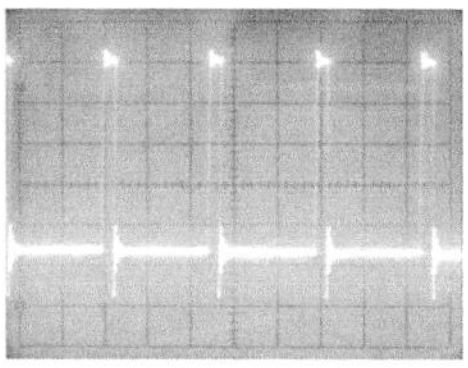	测试点2：主电源管理芯片输出的PWM信号波形	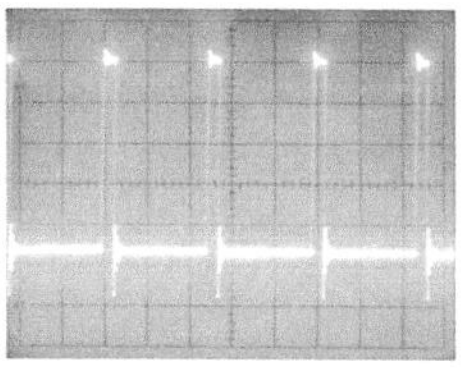
测试点3：从电源管理芯片输出的脉冲信号波形（低端）	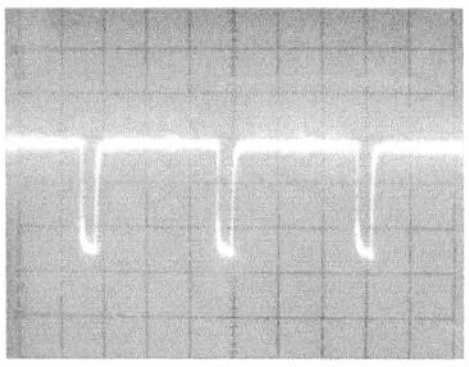	测试点4：从电源管理芯片输出的脉冲信号波形（高端）	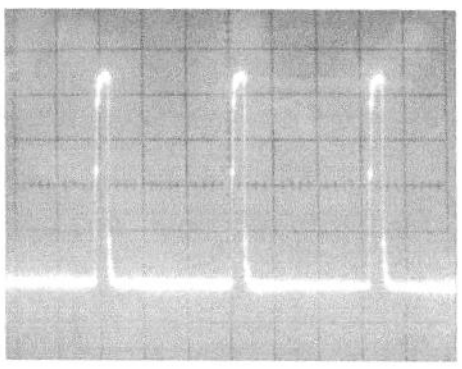
测试点5：场效应晶体管输入的脉冲信号波形	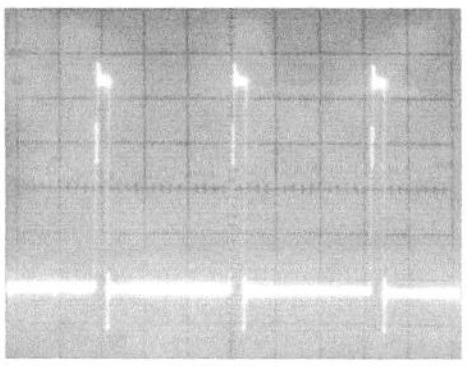	测试点6：场效应晶体管输出的开关信号波形	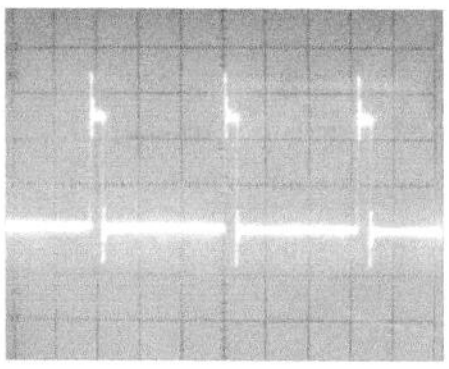

　　（1）主电源管理芯片的检测。CPU 供电电路电路中的主电源管理芯片输出 PWM 脉冲信号到后级电路中。判断该芯片是否正常，可首先对主电源管理芯片的输出端进行检测。图 6-99 为典型主板 CPU 供电电路中的主电源管理芯片实物外形和内部功能图。

　　由图可知，该电源管理芯片的 24 ～ 27 脚为 PWM 信号输出端，可用示波器对这些引脚分别进行检测。接地夹接地，探头接 PWM 脉冲信号输出端，以 26、27 脚为例，如图 6-100、图 6-101 所示。

　　（2）从电源管理芯片的检测。CPU 供电电路中的从电源管理芯片不正常，也会影响计算机主板的正常工作，以 P52AX5009M 从电源管理芯片为例，对其信号波形进行检测。

　　图 6-102 为 P52AX5009M 的实物外形和引脚排列。

　　由图可知，P52AX5009M 从电源管理芯片的 2 脚为 PWM 信号输入端，5 脚为脉冲信号输出端（低端），8 脚为脉冲信号输出端（高端），7 脚为驱动脉冲信号反馈端。

　　◇ 使用示波器检测从电源管理芯片的 5 脚输出脉冲信号波形（低端）。示波器接地夹接地，探头搭在从电源管理芯片的 5 脚，如图 6-103 所示。

　　◇ 使用示波器检测从电源管理芯片的 8 脚输出脉冲信号波形（高端）。接地夹接地，探头搭在芯片的 8 脚，如图 6-104 所示。

　　◇ 使用示波器检测从电源管理芯片的 7 脚驱动脉冲信号反馈端。接地夹接地，探头搭在芯片的 7 脚，如图 6-105 所示。

　　（3）场效应晶体管的检测。由从电源管理芯片输出的驱动脉冲信号分别送入两组场效应晶体管中。如图 6-106 所示。正常情况下，使用示波器检测场效应晶体管的栅极 G 和源极 S，应可以检测到相应的锯齿波信号。

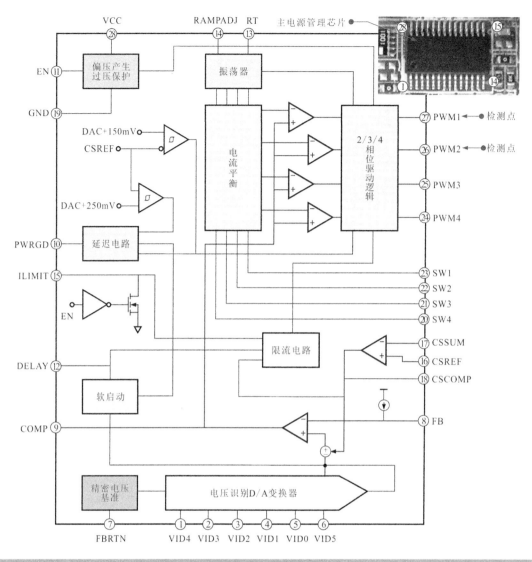

图 6-99　主电源管理芯片实物外形和内部功能图

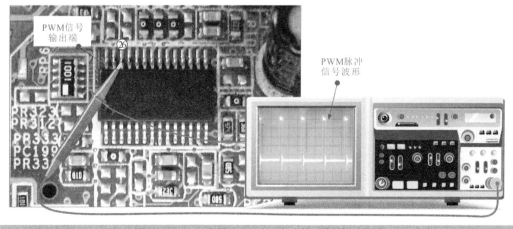

图 6-100　26 脚输出 PWM 脉冲信号的检测方法

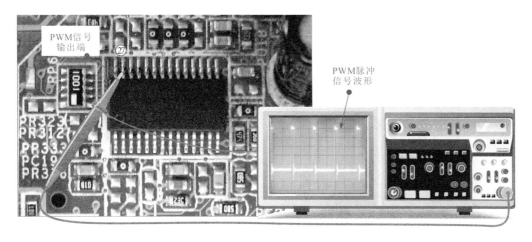

图 6-101 27 脚输出 PWM 脉冲信号的检测方法

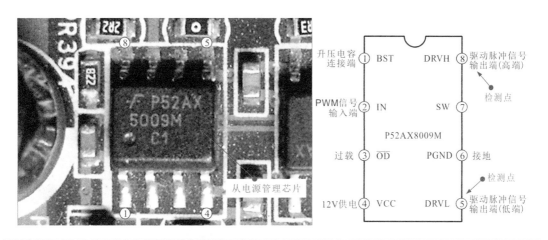

图 6-102 P52AX5009M 的实物外形和引脚排列

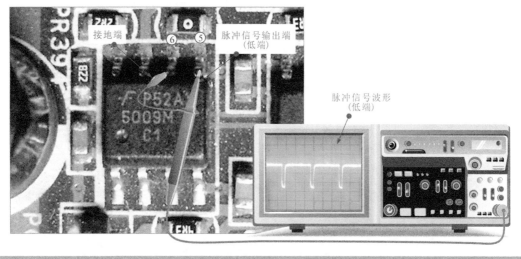

图 6-103 脉冲信号波形（低端）的检测方法

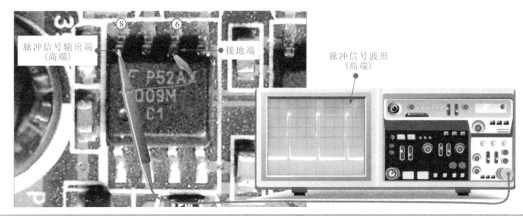

图 6-104　脉冲信号波形（高端）的检测方法

图 6-105　驱动脉冲信号波形的检测方法

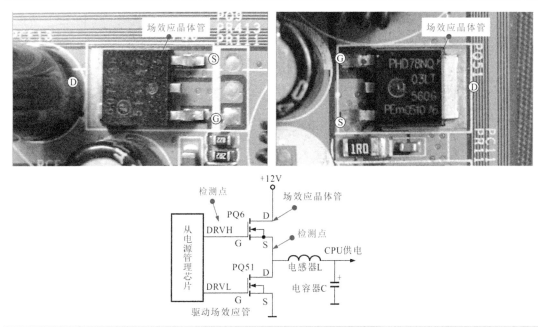

图 6-106　场效应晶体管实物外形和应用电路

在通电状态下，使用示波器检测场效应晶体管的栅极 G 处的驱动控制信号。接地夹接地，探头搭在场效应晶体管的栅极 G，如图 6-107 所示。

图 6-107　驱动控制信号波形的检测方法

同样，使用示波器检测场效应晶体管的源极 S 处的开关脉冲信号。接地夹接地，探头搭在场效应晶体管的源极，如图 6-108 所示。

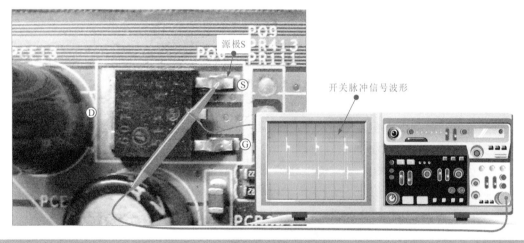

图 6-108　开关脉冲信号波形的检测方法

若场效应晶体管栅极 G 信号正常，而 PQ6 的 S 极或 PQ5 的 D 极无信号输出，还不能立即判断晶体管损坏，还需要借助万用表检测它的供电端电压，若供电也正常，则多为场效应晶体管损坏。

6.4.5　示波器检测计算机主板内存供电电路的方法

在内存供电电路中，其电路结构及原理与 CPU 供电电路相似，如图 6-109 所示为典型计算机主板中内存供电电路的实物图。其中，电源管理芯片和场效应晶体管也是较易损坏的元件。对其进行检测，可使用示波器检测输入或输出端的信号波形。

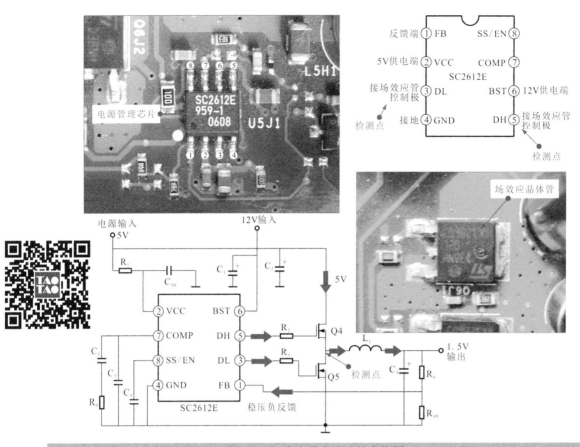

图 6-109　内存供电电路的实物图

由图可知，内存供电电路中的电源管理芯片 SC2612E 的 3、5 脚为驱动信号输出端，可用示波器检测这两个引脚的信号波形。

（1）使用示波器检测内存供电电路中的电源管理芯片 SC2612E 的 3 脚驱动信号波形。接地夹接地，探头搭在芯片的 3 脚处，观察示波器的显示屏，如图 6-110 所示。

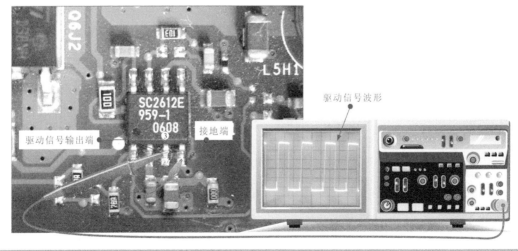

图 6-110　3 脚输出的驱动信号波形检测方法

（2）使用示波器检测内存供电电路中的电源管理芯片 SC2612E 的 5 脚驱动信号波形。接地夹接地，探头搭在芯片的 5 脚处，观察示波器的显示屏，如图 6-111 所示。

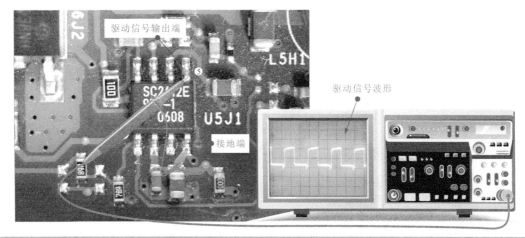

图 6-111　5 脚输出的驱动信号波形检测方法

（3）检测场效应晶体管的源极 S 输出的开关脉冲信号波形。将示波器的接地夹接地，探头接触场效应晶体管的源极 S，观察示波器的变化，如图 6-112 所示。

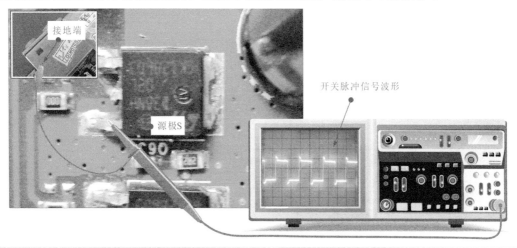

图 6-112　开关脉冲信号波形的检测方法

6.4.6　示波器检测计算机主板时钟电路的方法

1　时钟电路的信号流程

计算机主板上的时钟电路是为集成芯片提供时钟信号。通常主板上设有待机时钟电路，主振时钟电路，此外有些芯片还设有专用的时钟电路，如 CPU、内存、北桥、南桥、AGP 插槽、PCI 插槽等均需要由主振时钟电路经倍频或分频后提供时钟信号，图 6-113 为典型主板的时钟电路信号流程图，表 6-7 所列为时钟电路主要检测点的信号波形。

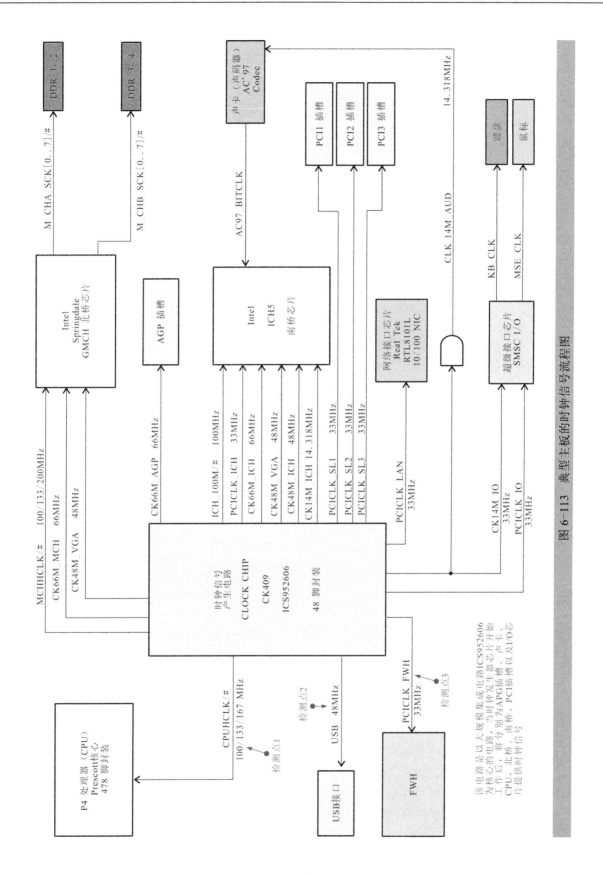

图 6-113　典型主板的时钟信号流程图

表 6-7　时钟电路主要检测点的信号波形

检测点	信号波形	检测点	信号波形
测试点1：CPU时钟晶振信号波形		测试点2：USB时钟晶振信号波形	
测试点3：PCI时钟晶振信号波形			

2　时钟电路信号的检测

时钟发生器芯片损坏将导致主板无法启动的故障，下面以 ICS952607 为例来介绍使用示波器检测信号波形，图 6-114 为 ICS952607 的实物外形及对照引脚功能。

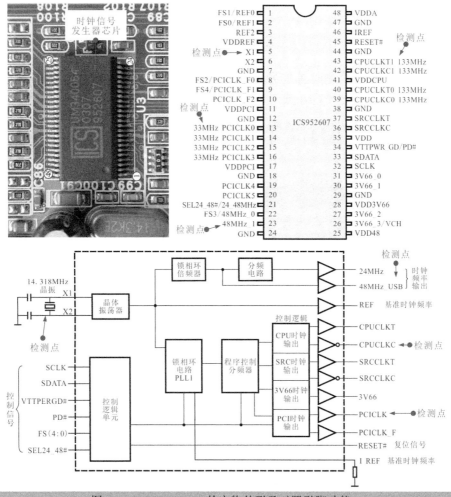

图 6-114　ICS952607 的实物外形及对照引脚功能

由图6-114可知，在时钟电路部分可以用示波器检测的信号主要有：时钟晶振信号、芯片输出端输出的各种时钟信号。

（1）使用示波器检测时钟信号发生器芯片输出的 CPU 时钟晶振信号波形。示波器的接地夹接地，探头搭在芯片的 43 脚，如图 6-115 所示。

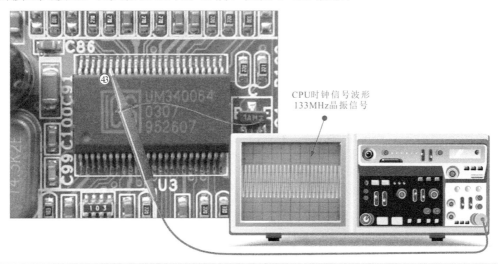

图 6-115 CPU 时钟晶振信号波形的检测方法

（2）使用示波器检测时钟信号发生器芯片的 PCI 时钟晶振信号波形。示波器的接地夹接地，探头搭在芯片的 14 脚，如图 6-116 所示。

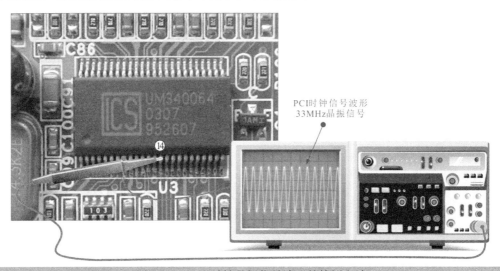

图 6-116 PCI 时钟晶振信号波形的检测方法

（3）使用示波器检测时钟信号发生器芯片的 USB 时钟晶振信号波形。示波器的接地夹接地，探头搭在芯片的 23 脚，如图 6-117 所示。

（4）使用示波器检测时钟晶振的 14.318 MHz 时钟晶振信号波形，即检测时钟信号发生器芯片的 5 脚或 6 脚，示波器的接地夹接地，探头搭在芯片的 5 脚和 6 脚，如图 6-118 所示。

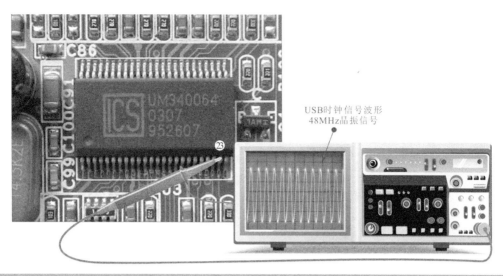

图 6-117　USB 时钟晶振信号波形的检测方法

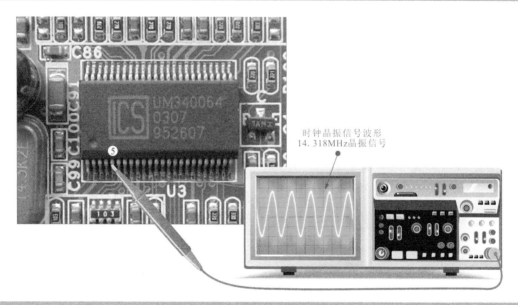

图 6-118　时钟晶振信号波形的检测方法